Hochschultext

Klaus Deimling

Nichtlineare Gleichungen und Abbildungsgrade

Springer-Verlag
Berlin Heidelberg New York 1974

Klaus Deimling

Mathematisches Seminar der Universität Kiel

AMS Subject Classification (1970): 46-01

ISBN-13: 978-3-540-06888-4   e-ISBN-13: 978-3-642-65941-6
DOI: 10.1007/978-3-642-65941-6

Library of Congress Cataloging in Publication Data

Deimling, Klaus, 1943–
Nichtlineare Gleichungen und Abbildungsgrade. (Hochschultext).
Bibliography: p.
1. Differential equations, Nonlinear. 2. Operator theory. 3. Differentiable mappings.
I. Title.
QA372.D38   515'.35   74-16047

Vorwort

Der vorliegende Text ist aus Vorlesungen entstanden, die ich im Winter-
semester 1970/71 in Karlsruhe bzw. im SS 1973 und WS 1973/74 in Kiel
mit dem Ziel gehalten habe, den mit einem Vordiplom ausgestatteten
"Mathematikern" und mathematisch interessierten "Physikern" einen ele-
mentaren Einstieg in ein Teilgebiet der Analysis zu ermöglichen, das
in einer lebhaften Entwicklung begriffen und noch weitgehend frei von
rein akademischem Gedankenspiel ist. Die Nichtlineare Funktionalanalysis,
d.h. das Studium nichtlinearer Abbildungen zwischen i.a. unendlichdimensionalen Räumen, erlebte ihre erste Blütezeit in den Jahren um 1930,
wurde dann etwas von der Theorie der "ersten Näherungen" , d.h. der
linearen Operatoren, verdrängt, und wird erst seit etwa 15 Jahren in
dem Umfang betrieben, der ihr auch von den Anwendungen her zukommt.
Ein nützliches Hilfsmittel für diese Untersuchungen sind sogenannte Abbildungsgrade, die man als Verallgemeinerungen der z.E. in der Funktionentheorie häufig verwendeten Windungszahl ebener Kurven ansehen
kann. Wir beschäftigen uns hauptsächlich mit ihnen, kommen jedoch gelegentlich auf andere Methoden zu sprechen, für die schon lesbare Ein-
führungen auf dem Büchermarkt zu haben sind.
Aus den eingangs genannten Ambitionen ergibt sich, daß am Anfang lediglich ein intimes Verhältnis zur Stetigkeit und Differenzierbarkeit von
Abbildungen des R^n erforderlich ist. Mit Beginn des ersten unendlichdimensionalen Kapitels 3 wird dann eine gewisse Vertrautheit mit einigen, im ersten Kapitel versammelten Grundbegriffen der Funktionalanalysis erwartet, die man nebenbei anhand der zitierten Literatur erwer-
ben kann. Um den dargestellten Stoff leichter verdaulich zu machen ,
haben wir ihn mit zahlreichen Übungsaufgaben versehen, deren Bearbei-
tung dringend empfohlen wird. Die "Schluß"-Bemerkungen im letzten Kapitel sind als Anreiz für eine weitergehende Beschäftigung zu verstehen.
Nicht nur traditionsgemäß möchte ich hier den an der Entstehung des
Textes Beteiligten danken, den Herrn Profs. H. Heuser und W. Walter
(Karlsruhe), welche die Abhaltung der Vorlesung in Karlsruhe ermöglicht

haben, Dr. H. Weigel (Karlsruhe), der mich während der Studienzeit auf
Abbildungsgrade aufmerksam machte, R. und U. Lemmert (Karlsruhe),
Dr. G. Schleinkofer (Mainz) und Prof. W. Jäger (Münster), die an einer
ersten Fassung des Manuskripts konstruktive Kritik geübt haben, und
meiner besseren Hälfte Brigitte für die Übernahme der Schreibarbeiten.
Schließlich danke ich Herrn Dr. K. Peters vom Springer-Verlag für sein
Interesse und für die Aufnahme des Manuskripts in diese Reihe.

Kiel, im April 1974   Klaus Deimling

Inhaltsverzeichnis

Einleitung

Die mathematische Beschreibung naturwissenschaftlicher Vorgänge führt
in den meisten Fällen auf Gleichungen der Form Fx = y , wobei die Abbildung F: X → Y und das Element y ∈ Y gegeben sind, und eine Lösung
x ∈ X gesucht wird. Gelegentlich kommen auch Ungleichungen vor, worauf
wir jedoch in dieser Vorlesung nicht eingehen. Wir haben gleich die
Frage nach der Existenz von Lösungen gestellt, da wir hauptsächlich an
einer positiven Antwort interessiert sind, obwohl es auch bemerkenswert
viele Situationen gibt, in denen man das Gegenteil haben will. Wenn wir
sicher sind, daß mindestens eine Lösung vorhanden ist, fragen wir weiter, ob es nur diese oder noch andere Lösungen gibt. Auch diese Eindeutigkeitsfrage ist zwiespältig. Oft ist die eindeutige Lösbarkeit er-
wünscht, oft sind aber gerade die Gleichungen besonders wichtig, die
mehrere Lösungen haben; außerdem ist zu unterscheiden zwischen lokaler
Eindeutigkeit, die nur besagt, daß in einer gewissen Umgebung einer
Lösung keine weiteren existieren, und globaler Eindeutigkeit, bei der
es überhaupt nur ein x ∈ X mit Fx = y gibt.
Will man beispielsweise eine n×n-Matrix A invertieren, so darf Ax = 0
nur die Lösung x = 0 haben; andererseits geben gerade die Eigenwerte
λ von A , oder anders ausgedrückt, die Gleichungen $(A-\lambda I)x = 0$ mit meh-
reren Lösungen, die beste Einsicht in das Verhalten der Abbildung A .

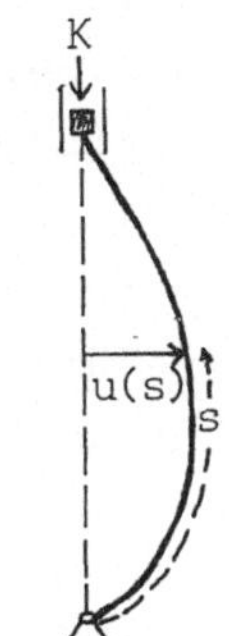

Belastet man einen vertikal eingespannten Stab, so muß
selbst der auf Sicherheit Bedachte, d.h. am Zustand u ≡ 0
Interessierte, die kritische Kraft K_o kennen, die erst-
mals eine Auslenkung u ≠ 0 erzeugt, oder mathematisch ge-
sprochen: Er muß das kleinste K > 0 bestimmen, so daß die
gewöhnliche Differentialgleichung

$$(1) \qquad u''(s) + K\rho(s)u(s)\left[1 - (u'(s))^2\right]^{1/2} = 0$$

auch mindestens eine nichttriviale Lösung u besitzt, die
den Randbedingungen u(0) = u(1) = 0 genügt (die Länge des
Stabs ist 1 , und ρ beschreibt die Elastizität des Stabs) . Setzt man
x(s) = -u''(s) und k(s,t) = s(1-t) für s ≤ t bzw. k(s,t) = t(1-s) für

$s \geq t$, so ist dieses Randwertproblem äquivalent zur Integralgleichung

$$(2) \qquad x(s) - K\rho(s)\int_0^1 k(s,t)x(t)dt\left[1 - \left(\int_0^1 k_s(s,t)x(t)dt\right)^2\right]^{1/2} = 0 \ ,$$

für $s \in J = [0,1]$, also von der Form $Fx = 0$, wenn man für Y z.B. die Menge C(J) aller auf J stetigen Funktionen und für X die Menge aller $x \in C(J)$ mit $|\int_0^1 k_s(s,t)x(t)dt| \leq 1$ wählt, und $(Fx)(s)$ für $x \in X$ und $s \in J$ durch die linke Seite von (2) definiert.

Da man hier in Wirklichkeit eine Schar von Gleichungen hat (mit K als Parameter) , ist es zweckmäßig, $F(K,x) = 0$ anstelle von $Fx = 0$ zu schreiben. Allgemein ist man nicht nur an einer rechten Seite y und an einem F , sondern an allen F und y mit gewissen gemeinsamen Eigenschaften interessiert, also an ganzen Klassen von Gleichungen. Deshalb stellen wir die Abbildungen (= Operatoren) F in den Vordergrund. Beim Existenzproblem haben wir also zu untersuchen, wann $y \in Y$ im Bild F(X) eines Operators $F: X \to Y$ ist, und die Eindeutigkeitsfrage läuft auf die lokale bzw. globale Eineindeutigkeit von F hinaus.

Durch die beiden Beispiele wird auch angedeutet, daß noch eine dritte grundsätzliche Frage wichtig ist: Was läßt sich über das Lösungsverhalten sagen, wenn man F oder y etwas abändert ? Treten dabei keine neuen Effekte auf, so spricht man von stetiger Abhängigkeit der Lösung(en) von F und y , oder auch von der Stabilität der Gleichung $Fx = y$; die zugelassenen Änderungen sind natürlich in jedem Fall zu präzisieren. In unserem Beispiel (2) können wir, zunächst nur durch die Anschauung motiviert, $F(K,x) = 0$ für $K < K_o$ als stabil und für $K = K_o$ als instabil bezeichnen, da im zweiten Fall eine geringfügige Änderung von K_o in den Bereich $K < K_o$ das Verschwinden einer Lösung verursacht.

Nun erkennt man schon in den Anfängervorlesungen, daß die Untersuchung der drei genannten Probleme für lineare Gleichungen wesentlich einfacher ist, als selbst für harmlos aussehende nichtlineare Gleichungen. Man denke z.B. daran, wie wenig kompliziert in dieser Hinsicht die allgemeine Gleichung $Ax = y$ im R^n ist, und an die Schwierigkeiten, die man im Vergleich hierzu schon bei Polynomen hat. Entsprechend liegen die Verhältnisse bei Operatoren zwischen unendlichdimensionalen Räumen. Beispielsweise ist die lineare Integralgleichung, die sich aus (2) ergibt, indem man dort den nichtlinearen Wurzelanteil durch die Eins ersetzt, harmlos im Vergleich zu (2) . Kein Wunder also, daß man sich bisher sehr viel intensiver um lineare, als um nichtlineare Operatoren gekümmert hat, und bei den linearen heute auf einem theoretischen Stand angekommen ist, der wenigstens für die bisher aufgetretenen konkreten Anwendungen zufriedenstellend ist.

Die genauen Kenntnisse im Linearen und die Schwierigkeiten im Nichtli-

nearen verleiten natürlich den Praktiker zur Linearisierung, d.h. zur
Vernachlässigung unangenehmer nichtlinearer Anteile, wie wir es bei
(2) angedeutet haben. Diese Vereinfachung läßt sich in vielen Fällen
rechtfertigen, führt aber bei anderen Problemen am wahren Lösungsverhalten der nichtlinearen Gleichung vorbei.
Betrachten wir beispielsweise eine periodisch erregte Masse, die an
einer Feder angebracht ist. Bezeichnet $x(t)$ die Auslenkung, $\gamma\cos\omega t$ die
Erregung und $\alpha x+\beta x^3$ (mit $\alpha > 0$) die Rückstellkraft der Feder, so wird
die Bewegung durch die Differentialgleichung

$$(3) \qquad x''(t) + \alpha x(t) + \beta x^3(t) = \gamma\cos\omega t$$

beschrieben. Experimentell hat man subharmonische Lösungen nachgewiesen, d.h. Lösungen, deren kleinste Periode kleiner ist, als die der Erregung. Diese Beobachtung kann durch (3) bestätigt werden, jedoch nicht
durch die linearisierte Gleichung, d.h. durch (3) mit $\beta = 0$, da diese
keine Subharmonischen hat.
Es ist oft zweckmäßiger, den nichtlinearen Operator F nicht einfach
durch einen linearen L zu ersetzen, sondern F in der Form $F = L+N$ an-
zunehmen, wobei die Nichtlinearität N in einem festzulegenden Sinne
klein ist. Am Rande dieser Vorlesung werden wir sehen, daß sich dann
sogar Eigenschaften von L auf F übertragen, und, wie das Beispiel (3)
zeigt, auch einige typisch nichtlineare Phänomene erklären lassen.
Hauptgegenstand der Vorlesung ist jedoch die Existenz von Lösungen all-
gemeiner nichtlinearer Gleichungen. Wir werden uns fast ausschließlich
mit solchen Fällen beschäftigen, bei denen die Eindeutigkeit nicht vorhanden, oder unter den angegebenen Voraussetzungen nicht zu beweisen
ist. Im R^n betrachten wir allgemeine stetige Abbildungen, in unendlichdimensionalen Räumen jedoch hauptsächlich nur sogenannte kompakte Störungen der Identität; außerdem wird im wesentlichen nur die Abbildungsgradmethode behandelt. Deshalb skizzieren wir zunächst einige andere
Operatorenklassen bzw. Methoden, beschränken uns dabei aber auf Abbildungen im R^n , um begriffliche Schwierigkeiten zu vermeiden, und ver-
weisen auf ausführliche Darstellungen. Weitere Bemerkungen befinden
sich am Ende des sechsten Kapitels.

<u>1. Kontraktionen.</u> Für $x = (x_1,\dots,x_n) \in R^n$ bedeutet $|x|$ stets die Euklid-
Norm $(\sum_{i=1}^{n} x_i^2)^{1/2}$.

Eine Abbildung $f: R^n \to R^n$, die der Bedingung $|f(x) - f(\bar{x})| \leq k|x-\bar{x}|$
für ein $k \in (0,1)$ und alle $x,\bar{x} \in R^n$ genügt, nennt man eine <u>strikte Kon-
traktion</u> . Aufgrund des Fixpunktsatzes von Banach (vgl. § 1.V) weiß
man, daß f genau einen Fixpunkt hat, daß also die Gleichung $x-f(x) = 0$

4

genau eine Lösung besitzt. Ist ein beliebiges $y \in R^n$ fixiert, so genügt $\tilde{f}(x) := f(x)-y$ derselben Bedingung; folglich hat auch $x-f(x) = y$ genau eine Lösung, die wir mit $g(y)$ bezeichnen. Damit ist $g: R^n \rightarrow R^n$ definiert und sogar stetig, denn aus $g(y) - f(g(y)) = y$ für jedes $y \in R^n$ folgt $|g(y) - g(\overline{y})| \leq (1-k)^{-1}|y-\overline{y}|$. Für die Gleichung $x-f(x) = y$ haben wir also Existenz, Eindeutigkeit und die stetige Abhängigkeit der Lösung von y .

Dieses erfreuliche Ergebnis hat nur einen Nachteil: die Voraussetzung über f ist so scharf, daß sie in sehr vielen Fällen nicht erfüllt ist, z.B. für ein lineares f (d.h. $f(x) = Ax$) nur dann, wenn $|A| = \sup\{|Ax|:|x| = 1\} = k < 1$ gilt. Gelegentlich kann man dieser Misere durch Umformung der Gleichung entgehen.

Es sei beispielweise $f: R^1 \rightarrow R^1$ differenzierbar und $\alpha \leq f'(x) \leq \beta$ auf R^1 , mit $\alpha > -1$. Ist $\beta < 1$, so haben wir $|f(x) - f(\overline{x})| \leq k|x-\overline{x}|$ nach dem Mittelwertsatz, mit $k = \max\{|\alpha|,|\beta|\}$; die Gleichung $x+f(x) = 0$ hat also genau eine Lösung. Ist jedoch $\beta > 1$, so betrachten wir die äquivalente Gleichung $x = -(1+c)^{-1}(f(x)-cx) := g_c(x)$ für $c \neq -1$. Es ist $|g_c'(x)| \leq |1+c|^{-1}\max\{|\beta-c|,|\alpha-c|\}$; dieser Ausdruck wird für $c = (\alpha+\beta)/2$ minimal, mit dem Wert $(\beta-\alpha)(2+\beta+\alpha)^{-1} < 1$. Für dieses c ist also g_c eine strikte Kontraktion.

Außerdem besteht die Möglichkeit, daß f nicht auf ganz R^n , sondern nur auf einer Teilmenge Ω strikt kontrahierend wirkt. Wenn nun Ω abgeschlossen ist und durch f in sich abgebildet wird, so ist man wenigstens sicher, daß f in Ω genau einen Fixpunkt hat; außerhalb von Ω können aber weitere liegen; man erhält also nur noch lokale Existenz- und Eindeutigkeitsaussagen.

Im Zusammenhang mit dem Fixpunktsatz von Banach bieten sich einige Verallgemeinerungen an. Bildet f eine abgeschlossene Menge Ω in sich ab, und setzen wir $f^0(x) := x$, $f^p(x) := f(f^{p-1}(x))$ für $p \geq 1$, so hat f genau einen Fixpunkt in Ω , wenn wenigstens f^p eine strikte Kontraktion ist ; ist dabei $p > 1$, so kann f durchaus unstetig sein. Eine andere Möglichkeit besteht in allgemeineren Abschätzungen von $|f(x) - f(\overline{x})|$. Gilt z.B. nur $|f(x) - f(\overline{x})| \leq k|x-\overline{x}| + \alpha\{|x-f(x)|+|\overline{x}-f(\overline{x})|\}$ mit $k+2\alpha < 1$, so beweist man wie im Fall $\alpha = 0$, daß f genau einen Fixpunkt hat; auch hier kann f unstetig sein.

Außerdem stellt sich natürlich die Frage, was zu retten ist, wenn f nur der Abschätzung $|f(x) - f(\overline{x})| \leq |x-\overline{x}|$ (oder $< |x-\overline{x}|$ für $x \neq \overline{x}$) genügt. Solche Abbildungen nennt man <u>kontrahierend</u> oder <u>nichtexpansiv</u> . Das Beispiel $f(x) := x+c$ mit $c \neq 0$ zeigt, daß kein Fixpunkt zu existieren braucht. Bildet jedoch f z.B. die Kugel $K = \{x \in R^n:|x| \leq r\}$ in sich ab, so hat f mindestens einen Fixpunkt in K , es kann aber selbst in K

weitere geben ; betrachten wir nämlich eine Folge $(k_n) \subset (0,1)$ mit
$k_n \to 1$ für $n \to \infty$, so ist $f_n = k_n f$ eine strikte Kontraktion von K in
sich, hat also genau einen Fixpunkt $x_n \in K$; da K beschränkt und abgeschlossen ist, hat (x_n) eine konvergente Teilfolge mit Limes $x \in K$,
und es ist $x = f(x)$.
Schließlich sei erwähnt, daß einige Folgerungen aus dem Fixpunktsatz
von Banach zu selbständigen Methoden ausgebaut wurden, z.B. das aus der
Numerischen Mathematik bekannte Newton-Verfahren, oder Aussagen über
implizit definierte Abbildungen, deren einfachste in § 3 bewiesen wird.

Literatur: $[46,\text{Chap.5},12]$, $[36,\S\S1,2]$, $[32,\text{Chap.III}]$, $[68]$.

2. Monotone Abbildungen. Eine Funktion $f: R^1 \to R^1$ heißt bekanntlich
monoton wachsend, wenn $f(x) \leq f(\bar{x})$ für $x \leq \bar{x}$ gilt. Es gibt verschiedene
Möglichkeiten, diesen Begriff auf den R^n zu übertragen. Man kann sich
auch dort ein "$\leq$" verschaffen, indem man z.B. $x \leq \bar{x}$ durch "$x_i \leq \bar{x}_i$ für
$i = 1,...,n$" erklärt. Ist dann z.B. stets $f(x) \geq 0$, so erhält man unter
geeigneten Voraussetzungen Aussagen über Existenz und Eindeutigkeit
positiver Lösungen von $f(x) = y$ mit $y \geq 0$. Wie schon erwähnt, werden
wir auf diese interessante Fragestellung nicht eingehen; sie wird u.a.
in $[34]$ und $[13]$ behandelt.
Beachten wir , daß $f: R^1 \to R^1$ genau dann monoton wachsend ist, wenn
$(f(x) - f(\bar{x}))(x-\bar{x}) \geq 0$ für alle $x,\bar{x} \in R^1$ gilt, so ergibt sich eine zweite
Möglichkeit. Wir nennen $f: R^n \to R^n$ monoton, wenn stets $\langle f(x)-f(\bar{x}),x-\bar{x}\rangle$
≥ 0 ist ; dabei bezeichnet $\langle \cdot,\cdot\rangle$ das Skalarprodukt im R^n . Im Sonderfall $f(x) = Ax$ reduziert sich also die Monotonie von f gerade auf die
positive Semidefinitheit von A , d.h. auf $\langle Ax,x\rangle \geq 0$ für jedes $x \in R^n$.
Ist A sogar positiv definit, d.h. außerdem $\langle Ax,x\rangle \neq 0$ für $x \neq 0$, so
existiert ein $c > 0$ mit $\langle Ax,x\rangle \geq c|x|^2$ für jedes $x \in R^n$. In Analogie
hierzu nennen wir eine Abbildung $f: R^n \to R^n$ stark monoton , wenn
$\langle f(x)-f(\bar{x}),x-\bar{x}\rangle \geq c|x-\bar{x}|^2$ für ein $c > 0$ und alle $x,\bar{x} \in R^n$ gilt.
Ist beispielsweise $g: R^n \to R^n$ eine k-Kontraktion mit $k < 1$, so ist
$f(x) := x-g(x)$ stark monoton, denn wir haben $\langle f(x)-f(\bar{x}),x-\bar{x}\rangle \geq$
$(1-k)|x-\bar{x}|^2$.
Wenn f stark monoton ist, dann hat $f(x) = y$ offensichtlich höchstens
eine Lösung. Ist f außerdem stetig, so werden wir mit Hilfe des Abbildungsgrads zeigen, daß auch mindestens eine Lösung existiert, die sogar
stetig von y abhängt, d.h. mit anderen Worten: Eine stetige stark monotone Abbildung $f: R^n \to R^n$ ist ein Homeomorphismus des R^n auf sich.
Im 1. Abschnitt haben wir eine Kontraktion durch strikte Kontraktionen
approximiert. Entsprechend erhält man gelegentlich Aussagen über mono-

tone Abbildungen, indem man sie durch stark monotone approximiert. Ist
nämlich f monoton, so ist z.B. $f+\varepsilon I$ für $\varepsilon > 0$ stark monoton. Wir werden im Kapitel 6 auf monotone Operatoren zurückkommen.

3. <u>Gradientenabbildungen</u>. Ist $\phi: R^n \to R^1$ stetig differenzierbar, so
hat ϕ bekanntlich in $x_o \in R^n$ höchstens dann ein relatives Extremum, wenn
$$\mathrm{grad}\phi(x_o) = \left(\frac{\partial\phi(x_o)}{\partial x_1},\ldots,\frac{\partial\phi(x_o)}{\partial x_n}\right) = 0$$ gilt. Die Nullstellen von $\mathrm{grad}\phi$
nennt man auch die kritischen Punkte von ϕ . Ist nun $f: R^n \to R^n$ eine
<u>Gradientenabbildung</u> , d.h. von der Form $f(x) = \mathrm{grad}\phi(x)$, so sind also
die Nullstellen von f gerade die kritischen Punkte von ϕ , oder realis-
tischer formuliert: Die Anzahl der Extrema von ϕ ist eine untere
Schranke für die Anzahl der Nullstellen von f .
Genügt ϕ der Bedingung $\phi(x) \to \infty$ für $|x| \to \infty$, so hat ϕ offensichtlich
ein Minimum, also $f = \mathrm{grad}\phi$ mindestens eine Nullstelle. Dies ist beispielsweise der Fall für $\phi(x) = <g(x),x>$, mit $g: R^n \to R^n$ stetig dif-
ferenzierbar und stark monoton; wir haben nämlich $\phi(x) \geq c|x|^2+<g(0),x> \geq$
$|x|(c|x|-|g(0)|)$, folglich $\phi(x) \to \infty$ für $|x| \to \infty$.
Nach einem bekannten Satz ist die in einem einfach zusammenhängenden
Gebiet Ω des R^n stetig differenzierbare Abbildung $f: \Omega \to R^n$ genau dann
Gradientenabbildung, wenn die Symmetriebedingungen $\frac{\partial f_i}{\partial x_j} = \frac{\partial f_j}{\partial x_i}$ (i,j =
1,...,n) erfüllt sind. Durch Übergang zu äquivalenten Gleichungen kann
die geschilderte "Extremasuchmethode" jedoch gelegentlich auf Abbildungen f angewendet werden, die diese Eigenschaft nicht haben. Ist bei-
spielsweise $\det f'(x) = \det\left(\frac{\partial f_i(x)}{\partial x_j}\right) \neq 0$ in Ω und $\phi(x) = <Ax,x>$ mit
einer symmetrischen, positiv definiten Matrix A , so setzen wir $\psi(x) :=$
$\phi(f(x))$ und haben
$$\mathrm{grad}\psi(x) = \left[f'(x)\right]^T\mathrm{grad}\left[\phi(f(x))\right] = 2\left[f'(x)\right]^TAf(x)$$
(^{T} bedeutet Transposition) , also $f(x) = 0$ genau dann, wenn $\mathrm{grad}\psi(x)=0$
gilt.

Literatur: $[46,\mathrm{Chap.4}]$, $[5\,,\S2.3\;\mathrm{ff}]$, $[63]$, $[32,\mathrm{Chap.VI}]$.

Die angegebenen Beispiele machen auch deutlich, daß zwischen den skizzierten Klassen bzw. Methoden Zusammenhänge bestehen. Auf solche Ver-
flechtungen werden wir auch bei der Entwicklung des Abbildungsgrads
achten, da man bei zahlreichen Fragen die gewünschten Informationen
nicht mit einer einzigen Methode erhält. Andererseits werden wir nicht

untersuchen, ob die mit Hilfe des Abbildungsgrads gewonnenen Ergebnisse
auch mit anderen Methoden erreichbar sind; selbst in den wenigen bekannten Fällen, in denen dies möglich ist, erscheinen uns die auf den
Eigenschaften des Abbildungsgrades beruhenden Beweise wesentlich ele-
ganter. Natürlich müssen wir am Anfang mehr investieren, als beispielsweise beim Beweis des Fixpunktsatzes von Banach; der Mehraufwand besteht jedoch bei dem hier gewählten Zugang lediglich in einer Ver-
tiefung der aus der Anfängervorlesung bekannten Differentialrechnung
im R^n .

Der Text ist in Paragraphen eingeteilt. Deshalb wird folgendermaßen
zitiert: Der Satz 2 aus § 8 wird innerhalb des § 8 als Satz 2 und in
den übrigen Paragraphen als Satz 8.2 bezeichnet; mit Hilfssätzen, Definitionen, usw. wird entsprechend verfahren. Im Literaturverzeichnis
beschränken wir uns hauptsächlich auf Monografien und Übersichtsartikel,
die den hier dargestellten Stoff wesentlich ergänzen oder als Hilfsmittel für weiterführende Untersuchungen verwenden.

Kapitel 1. Hilfsmittel aus Topologie und Funktionalanalysis

In diesem Kapitel stellen wir einige grundlegende Definitionen und Sätze der Topologie und Funktionalanalysis zusammen. Dabei beschränken wir uns auf Dinge, die im folgenden wirklich benötigt werden, und wir geben sie größtenteils ohne Beweise an, da zahlreiche Lehrbücher existieren und zitiert werden, in denen diese zu finden sind. Gleichzeitig werden die wichtigsten Bezeichnungen festgelegt.
Wir empfehlen, dieses Kapitel zunächst nur im Hinblick auf Bekanntes bzw. Unbekanntes durchzusehen, und dann bei § 6 zu verweilen, der die wesentlichen Hilfsmittel für das zweite Kapitel enthält.

§ 1. METRISCHE RÄUME

In diesem Paragraphen ist (X,d) stets ein metrischer Raum, d.h. die Metrik $d: X \times X \to \mathbb{R}$ (Menge der reellen Zahlen) hat die Eigenschaften $d(x,y) \geq 0$, $d(x,y) = 0 \iff x=y$, $d(x,y) = d(y,x)$ und $d(x,y) \leq d(x,z) + d(z,y)$ ("Dreiecksungleichung") für alle $x,y,z \in X$.
Die Definitionen folgender Begriffe werden als bekannt vorausgesetzt: offene, abgeschlossene und beschränkte Teilmenge von X ; innerer Punkt, abgeschlossene Hülle und Rand einer Menge; Konvergenz in X , Stetigkeit, Cauchy-Folge und Vollständigkeit von X . Eine Umgebung von $x_o \in X$ ist eine offene Menge, die x_o enthält.

I. Bezeichnungen

Für $\Omega \subset X$ ist $\overline{\Omega}$ die abgeschlossene Hülle, $\partial\Omega$ der Rand und $X \backslash \Omega = \{x \in X : x \notin \Omega\}$. Für $r > 0$ und $x_o \in X$ ist $K_r(x_o) = \{x \in X : d(x,x_o) < r\}$ und $\overline{K}_r(x_o) = \{x \in X : d(x,x_o) \leq r\}$. Für $\Omega_1, \Omega_2 \subset X$ ist $\rho(\Omega_1,\Omega_2) = \inf\{d(x,y) : x \in \Omega_1, y \in \Omega_2\}$, und wir setzen $\rho(x,\Omega) := \rho(\{x\},\Omega)$.

Es ist $\emptyset$ die leere Menge und $\mathbb{N}$ bzw. $\mathbb{Z}$ bzw. $\mathbb{C}$ die Menge der natürlichen bzw. ganzen bzw. komplexen Zahlen.

Ist die Abbildung f auf $\Omega \subset X$ definiert, so bedeutet $f(\Omega) = \{f(x):x \in \Omega\}$; für $\Omega_o \subset \Omega$ ist $f|_{\Omega_o}$ die Einschränkung von f auf Ω_o .

Aus der Dreiecksungleichung folgt sofort die Stetigkeit von $\rho(\cdot,\Omega)$: $X \to \mathbb{R}$ (es ist $|d(x,y) - d(\tilde{x},y)| \leq d(x,\tilde{x})$) , und es gilt $\rho(x,\Omega) = 0$ <=> $x \in \overline{\Omega}$.

II. Überdeckungen

Eine Familie $(\Omega_\lambda)_{\lambda \in \Lambda}$ von Teilmengen von X heißt <u>Überdeckung</u> von $\Omega \subset X$, wenn $\Omega \subset \bigcup_{\lambda \in \Lambda} \Omega_\lambda$ ist; <u>offene Überdeckung</u> , wenn außerdem jedes Ω_λ offen ist ; <u>lokalendliche Überdeckung</u> , wenn zu jedem $x \in \Omega$ eine Umgebung U(x) existiert, so daß $U(x) \cap \Omega_\lambda \neq \emptyset$ nur für endlich viele λ gilt. Eine Familie $(\Omega_\gamma^*)_{\gamma \in \Gamma}$ heißt <u>Verfeinerung</u> von $(\Omega_\lambda)_{\lambda \in \Lambda}$, wenn es zu jedem $\gamma \in \Gamma$ ein $\lambda \in \Lambda$ mit $\Omega_\gamma^* \subset \Omega_\lambda$ gibt. Es gilt der wichtige

<u>Satz 1</u>. Ist (X,d) ein metrischer Raum und $\Omega \subset X$, dann existiert zu jeder offenen Überdeckung von Ω eine lokalendliche offene Überdeckung von Ω , die eine Verfeinerung der ursprünglichen ist.

Dieser Satz wird z.B. in $[47,\mathrm{S}.162]$ und $[27]$ bewiesen.

III. Kompakte Mengen

Eine Menge $\Omega \subset X$ heißt <u>kompakt</u> , wenn aus jeder offenen Überdeckung $(\Omega_\lambda)_{\lambda \in \Lambda}$ von Ω endlich viele Ω_λ ausgewählt werden können, deren Vereinigung Ω enthält. Ω ist genau dann kompakt, wenn jede Folge aus Ω eine konvergente Teilfolge mit Grenzwert in Ω hat. Eine kompakte Menge ist insbesondere abgeschlossen und beschränkt. Ist Ω kompakt und $(\Omega_\lambda)_{\lambda \in \Lambda}$ eine Familie abgeschlossener Teilmengen von Ω mit der <u>endlichen Durchschnittseigenschaft</u> , d.h. haben je endlich viele der Ω_λ einen nichtleeren Durchschnitt , so ist $\bigcap_{\lambda \in \Lambda} \Omega_\lambda \neq \emptyset$.

$\Omega \subset X$ heißt <u>relativ kompakt</u> , wenn $\overline{\Omega}$ kompakt ist; in diesem Fall existieren zu jedem $\varepsilon > 0$ endlich viele $x_1,\ldots,x_{n(\varepsilon)} \in \overline{\Omega}$ mit $\Omega \subset \bigcup_{i=1}^{n(\varepsilon)} K_\varepsilon(x_i)$.

Ist X vollständig, und hat Ω diese Überdeckungseigenschaft, so ist Ω relativ kompakt.

$\Omega_1 \subset \Omega$ heißt <u>dicht in Ω</u> , wenn $\overline{\Omega}_1 \supset \Omega$ gilt. Ω heißt <u>separabel</u> , falls eine abzählbare, in Ω dichte Teilmenge existiert. Jede kompakte Menge ist separabel.

Ist $\Omega \subset X$ kompakt, (Y,d^*) ein metrischer Raum und $f: \Omega \to Y$ stetig, so ist $f(\Omega)$ kompakt in Y .

IV. Zusammenhängende Mengen

Eine Menge $\Omega \subset X$ heißt <u>zusammenhängend</u> (zush.) , wenn es n i c h t zwei abgeschlossene Mengen $\Omega_1, \Omega_2 \subset X$ derart gibt, daß $\Omega \subset \Omega_1 \cup \Omega_2$, $\Omega \cap \Omega_1 \cap \Omega_2 = \emptyset$ und $\Omega \cap \Omega_i \neq \emptyset$ für i=1,2 gilt. Eine äquivalente Definition erhält man, wenn man "abgeschlossene" durch "offene" ersetzt.

$\Omega \subset X$ ist genau dann zush., wenn k e i n e Menge $\Omega^* \neq \emptyset$ existiert, so daß $\Omega^* = \Omega \cap \Omega_o = \Omega \cap \Omega_a$ für eine abgeschlossene Menge Ω_a und eine offene Menge Ω_o gilt.

Ist Ω zush. und $f: \Omega \to (Y,d^*)$ stetig, so ist $f(\Omega)$ zush.

Eine (Zusammenhangs-)<u>Komponente</u> von $\Omega \subset X$ ist eine zush. Teilmenge von Ω , die in keiner zush. Teilmenge von Ω echt enthalten ist (kurz: eine maximal zush. Menge) . Ist K eine Komponente von Ω , $\Omega^* \subset \Omega$ zusammenhängend und $K \cap \Omega^* \neq \emptyset$, so ist $\Omega^* \subset K$.

$\Omega \subset X$ heißt <u>wegzusammenhängend</u> (wzush.) , wenn sich je zwei Punkte $x \in \Omega$, $x^* \in \Omega$ durch einen in Ω verlaufenden Weg verbinden lassen (d.h. es existiert eine stetige Abbildung $f: [0,1] \to \Omega$ mit $f(0)=x$ und $f(1)=x^*$) . Jede wzush. Menge ist zush. Wenn zu jedem $x \in X$ eine wzush. Umgebung existiert, dann sind also die Komponenten einer offenen Teilmenge von X offen.

Eine kompakte, zush. Menge $\Omega \neq \emptyset$ nennt man ein <u>Kontinuum</u> .

V. Der Fixpunktsatz von Banach

Eine Abbildung $F: X \to X$ nennen wir <u>Kontraktion</u> , wenn ein $k \in (0,1]$ existiert, so daß $d(Fx,Fy) \leq kd(x,y)$ für alle $x,y \in X$ gilt. Unter einer <u>strikten Kontraktion</u> verstehen wir eine Kontraktion mit $k < 1$.
Ein $x \in X$ mit $x=Fx$ heißt <u>Fixpunkt</u> von X .

<u>Satz 2 (Banach)</u>. Ist (X,d) ein vollständiger metrischer Raum und $F: X \to X$ eine strikte Kontraktion, dann hat F genau einen Fixpunkt x^* . Betrachtet man, ausgehend von einem beliebigen $x_o \in X$, die Folge der sukzessiven Approximationen $x_{n+1}=Fx_n$, so konvergiert (x_n) gegen x^* , und es ist $d(x_n,x^*) \leq (1-k)^{-1}k^n d(Fx_o,x_o)$.

<u>Beweis</u>. Für $n \geq 1$ gilt $\alpha_n := d(x_{n+1},x_n) = d(Fx_n,Fx_{n-1}) \leq k\alpha_{n-1} \leq \cdots \leq k^n\alpha_o$, folglich

$$d(x_{n+p}, x_n) \leq \sum_{i=n}^{n+p-1} \alpha_i \leq \alpha_o \sum_{n}^{n+p-1} k^i = \alpha_o k^n \sum_{o}^{p-1} k^i \leq k^n (1-k)^{-1} \alpha_o \to 0 \text{ für } n \to \infty,$$

d.h. (x_n) ist Cauchy-Folge. (x_n) konvergiert also gegen ein $x^* \in X$. Aus $x_{n+1} = Fx_n$ folgt somit $x^* = Fx^*$, und aus $d(x_{n+p}, x_n) \leq k^n (1-k)^{-1} d(Fx_o, x_o)$ folgt für $p \to \infty$ die angegebene Abschätzung. Ist auch $x = Fx$, so haben wir $d(x, x^*) = d(Fx, Fx^*) \leq kd(x, x^*)$, folglich $d(x, x^*) = 0$ wegen $k < 1$, d.h. $x = x^*$.

q.e.d.

<u>Literatur</u>. [15,Chap.III] , [66,Kap.I] , [47] , [27] , [17] .

§ 2. NORMIERTE RÄUME

In diesem Paragraphen ist $(X, |\cdot|)$ stets ein normierter Raum, d.h. X ist ein Vektorraum über dem Skalarkörper K ($= \mathbb{R}$ oder $\mathbb{C}$) , und die Norm $|\cdot|: X \to \mathbb{R}$ hat die Eigenschaften $|x| \geq 0$, $|x| = 0 \Leftrightarrow x = 0$, $|\lambda x| = |\lambda||x|$ und $|x+y| \leq |x| + |y|$ für alle $x,y \in X$ und $\lambda \in K$. Durch $d(x,y) = |x-y|$ ist dann eine Metrik definiert; ist (X,d) vollständig, so nennt man $(X, |\cdot|)$ einen Banach-Raum (kurz: <u>B-Raum</u>). Für $K = \mathbb{R}$ bzw. $K = \mathbb{C}$ sprechen wir von einem reellen bzw. komplexen normierten Raum. Ist X_o ein Unterraum von X , so ist $(X_o, |\cdot|)$ ebenfalls ein normierter Raum.

I. Äquivalente Normen

Zwei auf einem Vektorraum X definierte Normen $|\cdot|_1$ und $|\cdot|_2$ heißen <u>äqui-</u> <u>valent</u> , wenn es Konstanten $c_1 > 0$ und $c_2 > 0$ gibt, so daß $c_1 |x|_1 \leq |x|_2 \leq c_2 |x|_1$ für alle $x \in X$ gilt. In diesem Fall haben $(X, |\cdot|_1)$ und $(X, |\cdot|_2)$ dieselben topologischen Eigenschaften (Offenheit, Vollständigkeit, usw.). Auf $\mathbb{R}^n = \{x = (x_1, \ldots, x_n) : x_i \in \mathbb{R} \text{ für } i=1, \ldots, n\}$ ist jede Norm äquivalent zur Euklid-Norm $|x| = (\sum_{i=1}^n x_i^2)^{1/2}$.

II. Dimension von X

Die Begriffe endlich - bzw. unendlich - bzw. n - dimensionaler Vektorraum (kurz: $\dim X < \infty$ bzw. $\dim X = \infty$ bzw. $\dim X = n$) werden als bekannt angesehen. Ist $\dim X = n$, so ist $(X, |\cdot|)$ homeomorph zu $\mathbb{K}^n$. Insbesondere ist damit jeder endlichdimensionale Unterraum eines normierten Raumes abgeschlossen.

<u>Satz 1</u>. Es sei $(X,|\cdot|)$ ein normierter Raum. Dann gilt

(a) Ist dim $X = \infty$, so existiert eine Folge (x_n) mit $|x_n| = 1$ und
   $|x_m-x_n| \geq 1$ für $m \neq n$.

(b) $\partial K_1(0) \subset X$ ist kompakt genau dann, wenn dim $X < \infty$ gilt.

<u>Beweis</u>. (a) Wir wählen $x_1 \in X$ mit $|x_1| = 1$ und setzen $X_1 = \{\alpha x : \alpha \in \mathbb{K}\}$.
Da dim $X > 1$ ist, existiert ein $y \in X \setminus X_1$, und da X_1 abgeschloosen ist,
haben wir $\rho(y,X_1) > 0$. Die Funktion $\phi : \mathbb{K} \to \mathbb{R}$ definiert durch $\phi(\alpha) = |y-\alpha x_1|$ ist offensichtlich stetig; da außerdem $|y-\alpha x_1| \geq |\alpha||x_1| - |y|$
$\to \infty$ für $|\alpha| \to \infty$ gilt, existiert ein α_o mit $\phi(\alpha_o) = \min\{\phi(\alpha):\alpha \in \mathbb{K}\}$. Für
$z = \alpha_o x_1$ ist also $\rho(y,X_1) = |y-z| > 0$. Sei $x_2 = |y-z|^{-1}(y-z)$. Es ist
$|x_2| = 1$ und $|x_2-x_1| = |y-z|^{-1} \cdot |y-[z+|y-z|x_1]| \geq 1$, da $[\ldots] \in X_1$ ist.
Sind nun $x_1,\ldots,x_n$ bestimmt, und X_n der von $x_1,\ldots,x_n$ aufgespannte Un-
terraum, so existiert nach demselben Schluß ein x_{n+1} mit $|x_{n+1}| = 1$ und
$\rho(x_{n+1},X_n) \geq 1$.

(b) Für dim $X < \infty$ ist X homeomorph zu $\mathbb{K}^n$ mit $n = $ dim X , folglich
$\partial K_1(0) = \{x \in x : |x| = 1\}$ nach dem Satz von Bolzano-Weierstraß kompakt.
Ist jedoch $\partial K_1(0)$ kompakt, so kann es keine Folge $(x_n) \subset \partial K_1(0)$ mit
$|x_n-x_m| \geq 1$ für $n \neq m$ geben, da eine solche Folge keine konvergente
Teilfolge hat. Folglich ist dim $X < \infty$, nach (a) .

q.e.d.

Aus Satz 1 folgt unmittelbar, daß die Kugeln $\overline{K}_r(x_o) = \{x \in X : |x-x_o| \leq r\}$
eines unendlichdimensionalen Raumes nicht kompakt sind.

<u>III. Konvexe Mengen</u>

Eine Menge $C \subset X$ heißt <u>konvex</u> , wenn mit $x,y \in C$ auch $tx + (1-t)y \in C$ für
alle $t \in (0,1)$ gilt. Eine konvexe Menge ist also wegzusammenhängend. Da
jede Kugel in X konvex ist, sind also die Komponenten einer offenen
Teilmenge von X offen.
Der Durchschnitt beliebig vieler konvexen Mengen ist konvex. Ist C kon-
vex, $x_i \in C$, $0 \leq \alpha_i \leq 1$ für $i = 1,\ldots,p$ und $\sum_{i=1}^{p} \alpha_i = 1$, so ist
$\sum_{i=1}^{p} \alpha_i x_i \in C$. Für $\Omega \subset X$ nennt man

$$\mathrm{konv}(\Omega) = \{x = \sum\nolimits^e \alpha_i x_i : x_i \in \Omega , 0 \leq \alpha_i \leq 1 , \sum\nolimits^e \alpha_i = 1\}$$

die <u>konvexe Hülle</u> von Ω ; dabei bedeutet $\sum^e$ eine beliebige endliche
Summe.

IV. Operatoren

Es sei $(Y, |\cdot|_1)$ ebenfalls ein normierter Raum. Eine Abbildung F von
$\Omega \subset X$ in Y nennen wir auch einen Operator; an Stelle von $F(x)$ schreiben
wir nach Möglichkeit Fx . Ist $(Y, |\cdot|_1) = (\mathbb{K}, |\cdot|)$, so heißt F __Funktional__.
Hat Y denselben Skalarkörper wie X , so heißt L: $X \to Y$ __linear__ , wenn
$L(\alpha x + \beta y) = \alpha Lx + \beta Ly$ für alle $x, y \in X$ und $\alpha, \beta \in \mathbb{K}$ gilt. Ein linearer Operator heißt __beschränkt__ , wenn $|L| = \sup\{|Lx|_1 : |x| = 1\} < \infty$ gilt. In diesem Fall ist $|Lx|_1 \leq |L||x|$ für alle $x \in X$; wenn keine Verwirrung möglich ist, lassen wir den Index 1 weg. Für lineare Operatoren ist die
Beschränktheit äquivalent zur Stetigkeit auf ganz X , und diese wiederum
äquivalent zur Stetigkeit im Nullpunkt. Die beschränkten linearen Operatoren von X in Y bilden einen linearen Raum, den wir mit $\mathcal{L}(X,Y)$ bezeichnen; für $\mathcal{L}(X,X)$ schreiben wir $\mathcal{L}(X)$. Der einfachste Operator aus $\mathcal{L}(X)$
ist die __Identität__ I (Ix := x für alle $x \in X$). Durch $L \to |L| = \sup\{|Lx| : |x| = 1\}$
ist eine Norm auf $\mathcal{L}(X,Y)$ definiert. Mit $L_1 \in \mathcal{L}(X,Y)$ und $L_2 \in \mathcal{L}(Y,Z)$
ist $L_2 \circ L_1 \in \mathcal{L}(X,Z)$ und $|L_2 \circ L_1| \leq |L_2||L_1|$.
Ist Y ein B-Raum, so ist auch $\mathcal{L}(X,Y)$ mit der gegebenen Norm ein B-Raum.
Insbesondere sind also $X^* := \mathcal{L}(X,\mathbb{K})$ und $X^{**} = \mathcal{L}(X^*,\mathbb{K})$ B-Räume.

__Satz 2 (Banach-Steinhaus)__. Es sei X ein B-Raum, Y ein normierter Raum
und (L_n) eine Folge aus $\mathcal{L}(X,Y)$ mit $\sup\{|L_n x| : n \in \mathbb{N}\} < \infty$ für jedes $x \in X$.
Dann ist $\sup\{|L_n| : n \in \mathbb{N}\} < \infty$.

V. Reflexive Räume

Es ist $X^* = \mathcal{L}(X,\mathbb{K})$, der Raum aller stetigen linearen Funktionale auf
X . Für fixiertes $x \in X$ ist durch $x(x^*) := x^*(x)$ ein stetiges lineares
Funktional auf X^* definiert, d.h. x läßt sich als Element von X^{**} auffassen; bei dieser Interpretation schreiben wir Jx anstelle von x , haben also einen Operator J: $X \to X^{**}$, für den insbesondere $|Jx| = |x|$
gilt.
Ist $J(X) = X^{**}$, so heißt X __reflexiv__ .
Eine Folge $(x_n) \subset X$ heißt __schwach konvergent__ gegen $x \in X$, wenn für jedes
$x^* \in X^*$ die Beziehung $x^*(x_n - x) \to 0$ für $n \to \infty$ gilt; wir schreiben dann
kurz $x_n \rightharpoonup x$. Aus $x_n \to x$ (d.h. $|x_n - x| \to 0$) folgt $x_n \rightharpoonup x$, aber die Umkehrung gilt i.a. nicht. In einem reflexiven Raum hat jede beschränkte
Folge eine schwach konvergente Teilfolge.
Ein Vektorraum X heißt Innenprodukt-Raum, wenn eine Abbildung $\langle \cdot, \cdot \rangle$:
$X \times X \to \mathbb{K}$ mit folgenden Eigenschaften existiert: $\langle x,x \rangle \geq 0$, $\langle x,x \rangle = 0$
$\Leftrightarrow x = 0$, $\langle x,y \rangle = \overline{\langle y,x \rangle}$ und $\langle \alpha x + \beta y, z \rangle = \alpha \langle x,z \rangle + \beta \langle y,z \rangle$ für alle
$x,y,z \in X$ und $\alpha, \beta \in \mathbb{K}$; dabei ist $\overline{\alpha}$ die zu α konjugiert komplexe Zahl.

Durch $x \to |x| := \langle x,x \rangle^{1/2}$ ist dann auf X eine Norm definiert; ist X bezüglich der zugehörigen Metrik vollständig, so nennt man X <u>Hilbert-Raum</u> (kurz: H-Raum). Es gilt die <u>Cauchy-Schwarz-Ungleichung (CSU)</u>: $|\langle x,y \rangle| \le |x||y|$. Ein H-Raum ist reflexiv.

<u>Satz 3</u>. (a) Jede schwach konvergente Folge eines normierten Raumes ist beschränkt.

(b) In einem H-Raum folgt aus $x_n \rightharpoonup x$ und $y_n \to y$ die Beziehung $\langle x_n,y_n \rangle \to \langle x,y \rangle$.

<u>Beweis</u>. (a) $x_n \rightharpoonup x$ bedeutet $x^*(x_n) \to x^*(x)$, d.h. $Jx_n(x^*) \to Jx(x^*)$ für jedes $x^* \in X^*$. Damit ist $\sup\{|Jx_n(x^*)| : n \in \mathbb{N}\} < \infty$ für jedes $x^* \in X^*$, folglich $|x_n| = |Jx_n| \le c$ für ein $c > 0$ und alle $n \in \mathbb{N}$, nach Satz 2 .

(b) Es ist $|\langle x_n,y_n \rangle - \langle x,y \rangle| \le |\langle x_n,y_n-y \rangle| + |\langle x_n-x,y \rangle|$. Nach der CSU und nach (a) haben wir $|\langle x_n,y_n-y \rangle| \le |x_n||y_n-y| \le c|y_n-y| \to 0$ für $n \to \infty$. Da durch $y^*(x) := \langle x,y \rangle$ ein Element $y^* \in X^*$ definiert ist und $x_n \rightharpoonup x$ gilt, gilt auch $|\langle x_n-x,y \rangle| \to 0$ für $n \to \infty$.

q.e.d.

VI. Direkte Summen

Es seien $X_1,\ldots,X_p$ Unterräume von X . Man nennt X die <u>direkte Summe</u> der X_i , kurz $X = \bigoplus_{i=1}^{p} X_i$, wenn jedes $x \in X$ eine eindeutig bestimmte Darstellung der Form $x = \sum_{i=1}^{p} x_i$ mit $x_i \in X_i$ hat. Durch $P_i x = x_i$ ist dann eine Projektion von X auf X_i definiert (es ist P_i linear und $P_i^2 = P_i$) . Die direkte Summe heißt <u>topologisch</u> , wenn die Projektionen P_i stetig sind. Bei einer topologischen direkten Summe sind die X_i abgeschlossen.

<u>Satz 4</u>. Ist $X = X_1 \oplus X_2$, $\dim X_1 < \infty$ und X_2 abgeschlossen, so ist die Summe topologisch.

<u>Beweis</u>. Angenommen, P_1 ist nicht stetig in X , also nicht stetig in x=0. Dann existiert $(x_n) \subset X$ mit $x_n \to 0$ und $|P_1 x_n| \ge \alpha$ für ein $\alpha > 0$ und alle $n \in \mathbb{N}$. Mit $\alpha_n := |P_1 x_n|$ setzen wir $z_n = \alpha_n^{-1} P_1 x_n$ und haben $|z_n| = 1$ und $z_n \in X_1$ für jedes n . Da $\dim X_1 < \infty$ ist, können wir o.B.d.A. $z_n \to z$ für ein $z \in X_1$ annehmen. Aus $x_n \to 0$ und $x_n = P_1 x_n + P_2 x_n$ folgt somit $P_2(\alpha_n^{-1} x_n) \to -z$, d.h. $-z \in X_2$ (X_2 ist abgeschlossen), also auch $z \in X_1 \cap X_2 = \{0\}$, in Widerspruch zu $|z| = 1$. Damit ist P_1 stetig, also auch $P_2 = I - P_1$.

q.e.d.

<u>Literatur</u>. $[15,\text{Chap.V,VI}]$, $[66,\text{Kap.II}]$, $[62,\text{Chap.3,4}]$.

§ 3. DIFFERENTIATION IN BANACH-RÄUMEN

Es seien X,Y B-Räume, $\Omega \subset X$ offen, $F: \Omega \to Y$ und $x_o \in \Omega$. Dann beruht die Definition der Ableitung $F'(x_o)$ wie bei Funktionen von R^m in R^n auf dem Wunsch, die Abbildung F in einer Umgebung von x_o "möglichst gut" durch eine lineare Abbildung zu approximieren.

I. Die Fréchet-Ableitung

Der Operator $F: \Omega \to Y$ heißt (Fréchet-)<u>differenzierbar</u> in $x_o \in \Omega$, wenn ein linearer Operator $F'(x_o): X \to Y$ existiert, so daß

$$(*) \qquad \lim_{|h| \to 0} \frac{|F(x_o+h)-F(x_o)-F'(x_o)h|}{|h|} = 0$$

gilt. $F'(x_o)$ nennt man dann die (Fréchet-)<u>Ableitung</u> von F in x_o . Setzt man $R(x_o,h) = F(x_o+h)-F(x_o)-F'(x_o)h$, so ist $(*)$ äquivalent zur folgenden Bedingung: Zu jedem $\varepsilon > 0$ existiert ein $\delta = \delta(\varepsilon,x_o) > 0$, so daß $|R(x_o,h)| \leq \varepsilon|h|$ für alle h mit $x_o+h \in \Omega$ und $|h| \leq \delta$ gilt.

<u>Satz 1</u>. Es seien X und Y B-Räume. Dann gilt
(a) $F'(x_o)$ ist durch $(*)$ eindeutig bestimmt.
(b) Ist F stetig in x_o , dann ist $F'(x_o) \in \mathcal{L}(X,Y)$.
(c) Ist $L: X \to Y$ linear, so ist $L'(x) = L$ für jedes $x \in X$.

<u>Beweis</u>. (a) Angenommen, $(*)$ gilt auch mit dem linearen Operator L (anstelle von $F'(x_o)$). Dann haben wir $|Lh-F'(x_o)h| \leq \varepsilon|h|$ für $|h| \leq \delta = \delta(\varepsilon,x_o)$. Für $|h| > \delta$ ist $|\delta|h|^{-1}h| = \delta$, folglich $|(L-F'(x_o))(\delta|h|^{-1}h)| \leq \varepsilon\delta$, und somit auch $|(L-F'(x_o))h| \leq \varepsilon|h|$. Diese Ungleichung gilt also für jedes $h \in X$ und jedes $\varepsilon > 0$. Damit ist $L = F'(x_o)$.
(b) Aus $|F'(x_o)h| \leq \varepsilon|h| + |F(x_o+h)-F(x_o)|$ (für $|h| \leq \delta = \delta(\varepsilon,x_o)$) folgt für $h \to 0$ die Stetigkeit von $F'(x_o)$ in $x = 0$; da $F'(x_o)$ linear ist, folgt hieraus $F'(x_o) \in \mathcal{L}(X,Y)$.
(c) Offensichtlich ist $(*)$ mit $L'(x_o) = L$ erfüllt, und nach (a) ist $L'(x_o)$ durch $(*)$ eindeutig bestimmt.
q.e.d.

Wir nennen F <u>differenzierbar in Ω</u> , wenn $F'(x_o)$ für jedes $x_o \in \Omega$ existiert, und <u>stetig differenzierbar</u> in Ω , wenn $F': \Omega \to \mathcal{L}(X,Y)$ stetig ist.

Ist F in einer Umgebung $U(x_o) \subset \Omega$ differenzierbar mit $F'(x) \in \mathcal{L}(X,Y)$ für jedes $x \in U(x_o)$, und existiert ein linearer Operator $F''(x_o): X \to \mathcal{L}(X,Y)$, so daß $\lim\limits_{|h| \to 0} |h|^{-1} |F'(x_o+h)-F'(x_o)-F''(x_o)h| = 0$ ist, dann heißt F zweimal differenzierbar in x_o und $F''(x_o)$ die zweite Ableitung von F in x_o . Höhere Ableitungen sind entsprechend definiert.
Wie im Fall $X = Y = R^1$ gilt auch hier die

<u>Kettenregel</u>. Es seien X,Y,Z B-Räume, U eine Umgebung von $x_o \in X$, F: U $\to$ Y stetig, V eine Umgebung von $y_o = Fx_o$ und G: V $\to$ Z stetig. Existieren $F'(x_o)$ und $G'(y_o)$, so ist $(GoF)'(x_o) = G'(y_o)oF'(x_o)$ (vgl. [15, Satz 8.2.1]) .

Im Spezialfall $\Omega = (\alpha,\beta) \subset R^1$ kann man $F'(t_o)$ mit dem Vektor $F'(t_o)(1) \in Y$ identifizieren, da $L \to L(1)$ ein Homeomorphismus von $\mathcal{L}(R^1,Y)$ auf Y ist. Die Differenzierbarkeit in den Randpunkten α,β ist wie im Reellen erklärt.
Im Fall $X = R^m$, $Y = R^n$ ist $F'(x_o)h = \left(\dfrac{\partial F_i(x_o)}{\partial x_j}\right)h$.

II. Partielle Ableitungen

Partielle Ableitungen werden in der vom Reellen gewohnten Weise erklärt. Sind z.B. X,Y und Z B-Räume, U eine Umgebung von $x_o \in X$, V eine Umgebung von $y_o \in Y$ und F: U×V $\to$ Z gegeben, so heißt F in (x_o,y_o) partiell nach y differenzierbar, wenn die Abbildung $F(x_o,\cdot)$ in y_o differenzierbar ist, wenn es also einen linearen Operator $F_y(x_o,y_o): Y \to Z$ mit

$$\lim\limits_{|h| \to 0} |h|^{-1} |F(x_o,y_o+h)-F(x_o,y_o)-F_y(x_o,y_o)h| = 0$$

gibt. Existiert $F_y(x,y)$ für jedes $(x,y) \in U×V$ und ist $F_y: U×V \to \mathcal{L}(Y,Z)$ stetig, so nennen wir F in U×V stetig differenzierbar nach y .

III. Implizit definierte Operatoren

Gegeben seien drei B-Räume X,Y,Z, eine Umgebung U von $x_o \in X$, eine Umgebung V von $y_o \in Y$ und ein Operator F: U×V $\to$ Z . Unter welchen Voraussetzungen über F existiert dann ein Operator T , der in einer Umgebung $U_o \subset U$ von x_o definiert ist, U_o in V abbildet und für jedes $x \in U_o$ der Gleichung $F(x,Tx) = F(x_o,y_o)$ genügt ? Wann existiert genau ein solcher Operator T , und welche Eigenschaft von F übertragen sich auf T ?
Wir können dabei o.B.d.A. $x_o = 0$, $y_o = 0$ und $F(x_o,y_o) = 0$ annehmen, da sich der allgemeine Fall durch Übergang zu $\tilde{U} = U-x_o = \{x-x_o : x \in U\}$, $\tilde{V} = V-y_o$ und $\tilde{F}(x,y) = F(x+x_o,y+y_o) - F(x_o,y_o)$ für $(x,y) \in \tilde{U}×\tilde{V}$ hierauf zurückführen läßt.

Mit Hilfe des Fixpunktsatzes von Banach geben wir eine Antwort auf die obigen Fragen, die für unsere Zwecke ausreicht.

__Hilfssatz 1.__ Es sei X ein B-Raum, I die Identität auf X , $R: K_r(0) \to X$ eine k-Kontraktion $(k < 1)$ und $|R(0)| < r(1-k)$. Dann existiert genau ein $x \in K_r(0)$ mit $(I+R)x = 0$.

__Beweis.__ Wir haben zu zeigen, daß $S := -R$ in $K_r(0)$ genau einen Fixpunkt hat. Für $x \in K_r(0)$ ist

$$|Sx| \leq |Sx - S(0)| + |S(0)| \leq k|x| + |S(0)| < r .$$

Damit sind die sukzessiven Approximationen $x_{n+1} = Sx_n$ (mit $x_o = 0$) definiert. Nach dem Beweis von Satz 1.2 ist $|x_{n+p} - x_n| \leq k^n(1-k)^{-1} \cdot |x_1|$, insbesondere $|x_{p+1}| \leq (1+ k(1-k)^{-1})|x_1| = (1-k)^{-1}|S(0)|$ für jedes $p \geq 1$. Daher ist (x_n) Cauchy-Folge, folglich konvergent gegen ein $x \in X$. Aus $|x| \leq |x - x_{p+1}| + |x_{p+1}| \leq |x - x_{p+1}| + (1-k)^{-1}|S(0)|$ folgt $|x| < r$, und aus $x_{n+1} = Sx_n$ folgt $x = Sx$. Ist auch $x' = Sx'$, so haben wir $|x-x'| \leq k|x-x'|$, d.h. $x = x'$.   q.e.d.

__Satz 2.__ Es seien X,Y,Z B-Räume, $U \subset X$ und $V \subset Y$ Umgebungen von $x_o \in X$ bzw. $y_o \in Y$, $F: U \times V \to Z$ stetig und stetig differenzierbar nach y , $F(x_o,y_o) = 0$ und $F_y(x_o,y_o)$ ein Homeomorphismus (von Y auf Z) . Dann existieren Kugeln $K_r(x_o) \subset U$, $K_\delta(y_o) \subset V$ und genau ein Operator $T: K_r(x_o) \to K_\delta(y_o)$, so daß $Tx_o = y_o$ und $F(x,Tx) = 0$ für jedes $x \in K_r(x_o)$ gilt. T ist sogar stetig.

__Bemerkung.__ Im Sonderfall $X = R^m$, $Y = Z = R^n$ ist die Bedingung "$F_y(x_o,y_o)$ ist ein Homeomorphismus" gerade die bekannte Voraussetzung

$$\det\left(\frac{\partial F_i(x_o,y_o)}{\partial y_j}\right) \neq 0 .$$

__Beweis.__ O.B.d.A. $x_o = 0$ und $y_o = 0$. Es sei $L = F_y(0,0)$, I die Identität auf Y und $S(x,y) = L^{-1}F(x,y)-y$ für $(x,y) \in U \times V$. Es ist $F(x,y) = 0$ $\iff y+S(x,y) = 0$, S stetig und stetig differenzierbar nach y , mit $S_y = L^{-1}F_y-I$, also insbesondere $S_y(0,0) = 0$. Wir zeigen, daß der Operator $R = S(x,\cdot)$ die Voraussetzungen von Hilfssatz 1 erfüllt, wenn x nahe bei $x_o = 0$ festgehalten wird.

Da $S_y(0,0) = 0$ und S_y stetig ist, existiert zu einem fixierten $k \in (0,1)$ ein $\delta > 0$ mit $|S_y(x,y)| \leq k$ für $(x,y) \in K_\delta(0) \times K_\delta(0) \subset U \times V$. Für $x \in K_\delta(0)$ und $y,\tilde{y} \in K_\delta(0)$ haben wir daher

$$|S(x,y) - S(x,\tilde{y})| = |\int_o^1 S_y(x,\tilde{y}+t(y-\tilde{y}))(y-\tilde{y})dt| \leq k|y-\tilde{y}| .$$

Da $S(0,0) = 0$ und $S(\cdot,0)$ stetig ist, existiert ein $r \leq \delta$, so daß

$|S(x,0)| < \delta(1-k)$ für jedes $x \in K_r(0)$ gilt. Zu $x \in K_r(0)$ existiert also nach Hilfssatz 1 (mit $r := \delta$) genau ein $y \in K_\delta(0)$ mit $y+S(x,y) = 0$. Wir setzen $Tx := y$ und haben $T: K_r(0) \to K_\delta(0)$, $F(x,Tx) = 0$ für $x \in K_r(0)$, $T(0) + S(0,T(0)) = 0$ und $0+S(0,0) = 0$, also auch $T(0) = 0$ wegen der Eindeutigkeit. Für $x,x' \in K_r(0)$ ist $0 = Tx + S(x,Tx) = Tx' + S(x',Tx')$,

$$|Tx - Tx'| \leq |S(x',Tx') - S(x,Tx')| + |S(x,Tx') - S(x,Tx)| \leq$$

$$\leq |S(x',Tx') - S(x,Tx')| + k|Tx-Tx'| ,$$

d.h. $|Tx-Tx'| \leq (1-k)^{-1}|S(x,Tx') - S(x',Tx')| \to 0$ für $x \to x'$. Damit ist T stetig in $K_r(0)$.

q.e.d.

<u>Satz 3 (Homeomorphiesatz)</u>. Es seien X,Y B-Räume, U eine Umgebung von $x_0 \in X$, $F: U \to Y$ stetig differenzierbar und $F'(x_0)$ ein Homeomorphismus. Dann existiert eine Umgebung $U_0 \subset U$ von x_0 derart, daß $F|_{U_0}$ ein Homeomorphismus auf die Umgebung $F(U_0)$ von $y_0 = Fx_0$ ist.

<u>Beweis</u>. Wir wenden Satz 2 auf $\tilde{F}(x,y) = F(x)-y$ an, mit $Y = Z$ und vertauschten Rollen von x und y . Es ist $\tilde{F}(x_0,y_0) = 0$ und $\tilde{F}_x(x_0,y_0) = F'(x_0)$ ein Homeomorphismus. Folglich existieren $W := K_r(y_0)$, $K_\delta(x_0) \subset U$ und genau ein stetiger Operator $T: W \to K_\delta(x_0)$ mit $Ty_0 = x_0$ und $\tilde{F}(Ty,y) = 0$, d.h. $FTy = y$ in W . Wir setzen $U_0 = T(W)$. Aus $FTy = y$ für alle $y \in W$ folgt die Eineindeutigkeit von $F|_{U_0}$ und $T = (F|_{U_0})^{-1}$. Damit ist $F|_{U_0}$ ein Homeomorphismus und U_0 als Urbild der offenen Menge W offen.

q.e.d.

<u>Literatur</u>. $[15,\text{Chap.VIII}]$, $[66,\text{Kap.III}]$, $[63,\text{Chap.I}]$, $[43]$.

§ 4. BEISPIELE

<u>I. Der Raum c_0</u>

Wir bezeichnen mit c_0 den Raum aller reellen Nullfolgen $x = (x_n)$, der mit der Norm $x \to |x| = \max_n |x_n|$ ein B-Raum ist. Bezeichnet e_m die Nullfolge mit $e_{mn} = \delta_{mn}$ ($\delta_{mn} = 1$ für $m=n$, $=0$ sonst) , dann hat $x = (x_n) \in c_0$ die Darstellung $x = \sum_{i \geq 1} x_i e_i$, denn es gilt

$$|x - \sum_{i=1}^{n} x_i e_i| = \max\{|x_i| : i \geq n+1\} \to 0 \text{ für } n \to \infty .$$

Ist $f: [0,1] \to c_0$ differenzierbar in t_0 , so existiert $f_i'(t_0)$ für jedes i , und es ist $f'(t_0) = \sum_{i \geq 1} f_i'(t_0)e_i$. Für c_0 haben wir das folgende

Kompaktheitskriterium.

__Satz 1__. $\Omega \subset c_o$ ist genau dann relativ kompakt, wenn Ω beschränkt ist, und zu jedem $\varepsilon > 0$ ein Index $n_o = n_o(\varepsilon)$ existiert, so daß $|x_n| \leq \varepsilon$ für alle $n \geq n_o(\varepsilon)$ und alle $x \in \Omega$ gilt.

__Beweis__. (a) Ist $\Omega \subset c_o$ relativ kompakt und $\varepsilon > 0$, so existieren Punkte $x^1,\ldots,x^p \in \overline{\Omega}$ mit $\Omega \subset \bigcup_{i=1}^{p} K_{\varepsilon/2}(x^i)$; wählt man nun n_o derart, daß $|x_n^i| \leq \varepsilon/2$ für $n \geq n_o$ und $i = 1,\ldots,p$ gilt, so ist $|x_n| \leq \varepsilon$ für alle $n \geq n_o$ und alle $x \in \Omega$.

(b) Nun sei $|x| \leq c$ für ein $c > 0$ und alle $x \in \Omega$, und $|x_n| \leq \varepsilon$ für jedes $n \geq n_o(\varepsilon)$ und $x \in \Omega$. Angenommen, es existiert eine Folge aus Ω , die keine konvergente Teilfolge, also auch keine Cauchy-Teilfolge hat (c_o ist vollständig!). Damit gibt es auch eine Folge $(x^i) \subset \Omega$ mit $|x^i - x^j| \geq \alpha$ für ein $\alpha > 0$ und alle i,j mit $i \neq j$. Nach Voraussetzung existiert jedoch ein n_o , so daß $|x_n^i - x_n^j| \leq \alpha/2$ für alle $n \geq n_o$ und alle i,j gilt, und da insbesondere $|x_n^i| \leq c$ für $n = 1,\ldots,n_o$ und alle i ist, gibt es eine Teilfolge (x^{i_k}) mit $x_n^{i_k} \to x_n$ für ein x_n , d.h. es existiert ein k_o mit $|x_n^{i_k} - x_n^{i_l}| \leq \alpha/2$ für $k,l \geq k_o$ und $n = 1,\ldots,n_o$; insgesamt ist also $|x^{i_k} - x^{i_l}| \leq \alpha/2$ für $k,l \geq k_o$, in Widerspruch zur Annahme.

$$\text{q.e.d.}$$

__II. Der Raum l_p__

Für $1 \leq p < \infty$ ist l_p der Raum aller reellen Folgen $x = (x_n)$ mit $|x|_p := (\sum_{i \geq 1} |x_i|^p)^{1/p} < \infty$. Er ist mit $|\cdot|_p$ ein B-Raum. Für $1 < p < \infty$ ist l_p reflexiv und $l_p^* = l_q$, wobei $p^{-1} + q^{-1} = 1$ ist. l_2 ist ein separabler H-Raum mit dem Innenprodukt $\langle x,y \rangle = \sum_{i \geq 1} x_i y_i$.

__III. Der Raum $C(A)$__

Es sei $A \subset R^m$ kompakt. Dann ist $C(A)$, der Raum aller stetigen $f: A \to R^n$, mit der Maximum-Norm $f \to |f|_o = \max_A |f(x)|$ ein B-Raum. Im Fall $m=1$, $A = [0,a]$ ist z.B. durch $|f| = \max_A \{|f(t)|e^{-\alpha t}\}$ eine zu $|\cdot|_o$ äquivalente Norm definiert.

Eine Menge $\Omega \subset C(A)$ heißt __gleichstetig__ , wenn zu jedem $\varepsilon > 0$ ein $\delta = \delta(\varepsilon) > 0$ existiert, so daß $|f(x) - f(\tilde{x})| \leq \varepsilon$ für alle $f \in \Omega$ und alle $x,\tilde{x} \in A$ mit $|x - \tilde{x}| \leq \delta$ gilt. Mit Ω ist offensichtlich auch $\overline{\Omega}$ gleichstetig.

<u>Satz 2 (Ascoli-Arzelà)</u>. $\Omega \subset C(A)$ ist genau dann relativ kompakt, wenn Ω beschränkt und gleichstetig ist.

<u>Beweis</u>. (a) Es sei Ω relativ kompakt. Dann ist Ω beschränkt, und zu $\varepsilon > 0$ existieren Punkte $f_1,\ldots,f_p \in \overline{\Omega}$ mit $\Omega \subset \bigcup_{i=1}^{p} K_\varepsilon(f_i)$. Die Menge $\{f_i : i=1,\ldots,p\}$ ist gleichstetig, da jedes f_i auf A gleichmäßig stetig ist; da zu $f \in \Omega$ ein f_i mit $|f-f_i|_o < \varepsilon$ existiert, haben wir also $|f(x)-f(\tilde{x})| \leq 2\varepsilon + |f_i(x)-f_i(\tilde{x})| \leq 3\varepsilon$ für $|x-\tilde{x}| \leq \delta(\varepsilon)$.
(b) Nun sei Ω gleichstetig und $|f|_o \leq c$ für alle $f \in \Omega$. Angenommen, $(f_n) \subset \Omega$ hat keine konvergente Teilfolge. Dann können wir o.B.d.A. $|f_n-f_m|_o \geq \alpha$ für ein $\alpha > 0$ und alle n,m mit $n \neq m$ annehmen, da $C(A)$ vollständig ist. Nach Definition von $|\cdot|_o$ existiert also ein $x_{nm} \in A$ mit $|f_n(x_{nm})-f_m(x_{nm})| \geq \alpha$ für $n \neq m$. Da (f_n) gleichstetig ist, haben wir $|f_n(x)-f_n(\tilde{x})| \leq \alpha/4$ für $|x-\tilde{x}| \leq \delta = \delta(\alpha/4)$ und alle n , und zu δ existieren Punkte $x_1,\ldots,x_p \in A$ mit $A \subset \bigcup_{i=1}^{p} K_\delta(x_i)$. In mindestens einer Kugel $K_\delta(x_i)$ liegt damit eine Teilfolge $(x_{n_k n_l})$; folglich ist $|f_{n_k}(x_i)-f_{n_l}(x_i)| \geq \alpha-2\cdot\alpha/4 = \alpha/2$ für $k \neq l$, in Widerspruch zur Tatsache, daß $(f_{n_k}(x_i))$ als beschränkte Folge $(|f_{n_k}(x_i)| \leq c)$ des R^n eine konvergente Teilfolge hat.

q.e.d.

<u>Satz 3 (Weierstraß)</u>. Es sei $A \subset R^m$ kompakt und $f: A \to R^n$ stetig. Dann existiert zu jedem $\varepsilon > 0$ ein Polynom P_ε mit $|f-P_\varepsilon|_o \leq \varepsilon$.

Der Satz von Weierstraß besagt also, daß der Unterraum aller Polynome (eingeschränkt auf A) in $C(A)$ dicht liegt. Er wird z.B. in $[66,\S 1]$ und $[15,\text{Chap.VII}]$ bewiesen.

IV. Die Ableitung eines Integraloperators

Es sei $J = [a,b] \subset R^1$, $k: J \times J \to R^1$ stetig , $f: J \times R^1 \to R^1$ stetig und stetig differenzierbar nach der zweiten Variablen. Wir definieren $F: C(J) \to C(J)$ durch

$$(Fx)(t) = \int_a^b k(t,s)f(s,x(s))ds \; .$$

Der Operator F ist unter den angegebenen Voraussetzungen stetig differenzierbar in $C(J)$, und $F'(x)$ ist durch $(F'(x)h)(t) = \int_a^b k(t,s)f_z(s,x(s))\cdot h(s)ds$ gegeben, mit $f_z(t,z) = \partial f(t,z)/\partial z$.
Nach dem Mittelwertsatz ist nämlich

$$f(s,x(s)+h(s)) - f(s,x(s)) = f_z(s,x(s)+\rho(s)h(s))h(s) \; ,$$

mit $0 < \rho(s) < 1$, und wegen der gleichmäßigen Stetigkeit von f_z auf $J \times \{z \in R^1 : |z| \leq |x|_o + 1\}$ haben wir $\sup_J |f_z(s,x(s)+\rho(s)h(s)-f_z(s,x(s))| \leq \varepsilon$ für $|h|_o \leq \delta = \delta(\varepsilon,x)$. Für $|h|_o \leq \delta$ ist also

$$|F(x+h) - F(x) - \int_a^b k(\cdot,s)f_z(s,x(s))h(s)ds|_o \leq \varepsilon |h|_o \cdot \max_{J \times J}|k(t,s)| \; ,$$

d.h. $F'(x)$ hat die angegebene Darstellung und ist damit stetig in $x \in C(J)$.

§ 5. FORTSETZUNG STETIGER OPERATOREN

Gegeben sei eine Teilmenge A eines metrischen Raumes (X,d) und eine stetige Abbildung F von A in einen normierten Raum Y . Existiert dann eine stetige Abbildung $\tilde{F}: X \to Y$ mit $\tilde{F}|_A = F$, d.h. eine stetige Fortsetzung von F auf X ? Eine für unsere Zwecke ausreichende Antwort auf diese Frage gibt der folgende

<u>Satz 1</u>. Es sei (X,d) ein metrischer Raum, $A \subset X$ abgeschlossen, $(Y,|\cdot|)$ ein normierter Raum und $F: A \to Y$ stetig. Dann existiert eine stetige Fortsetzung $\tilde{F}$ von F auf X mit $\tilde{F}(X) \subset \operatorname{konv}(F(A))$.

<u>Beweis</u>. Für jedes $x \in X \setminus A$ sei $K_x \subset X \setminus A$ eine offene Kugel um x , deren Durchmesser $d(K_x) := \sup\{d(x',x''):x',x'' \in K_x\}$ kleiner als $\rho(K_x,A)$ ist (z.B. $K_x = K_r(x)$ mit $r = \frac{1}{6}\rho(x,A)$). Da $X \setminus A = \bigcup_{x \in X \setminus A} K_x$ gilt, existiert nach Satz 1.1 eine lokalendliche offene Überdeckung $(U_\lambda)_{\lambda \in \Lambda}$ von $X \setminus A$, die $(K_x)_{x \in X \setminus A}$ verfeinert. Zu jedem $x \in X \setminus A$ gibt es also eine Umgebung $V(x) \subset K_x$ (o.B.d.A.) , mit $V(x) \cap U_\lambda \neq \emptyset$ nur für endlich viele λ. Damit ist $\alpha(x) := \sum_{\lambda \in \Lambda} \rho(x,X \setminus U_\lambda) > 0$ für alle $x \in X \setminus A$, wobei die Summe in der ganzen Umgebung $V(x)$ nur aus derselben endlichen Anzahl von Summanden besteht. Daher sind die Funktionen $\phi_\lambda(x) = [\alpha(x)]^{-1}\rho(x,X \setminus U_\lambda)$ in $X \setminus A$ stetig; außerdem ist $0 \leq \phi_\lambda(x) \leq 1$ und $\phi_\lambda(x) = 0$ für $x \notin U_\lambda$. Da es zu U_λ ein x mit $U_\lambda \subset K_x$ gibt, ist $\rho(A,U_\lambda) \geq \rho(A,K_x) > d(K_x) \geq 0$; folglich können wir für jedes λ ein $a_\lambda \in A$ derart wählen, daß $\rho(a_\lambda,U_\lambda) < 2\rho(A,U_\lambda)$ gilt.
Wir setzen

$$(*) \qquad \tilde{F}x = \begin{cases} Fx & \text{für } x \in A \\ \sum_\lambda \phi_\lambda(x)Fa_\lambda & \text{für } x \in X \setminus A \end{cases} .$$

Da $\phi_\lambda(x) \neq 0$ nur für endlich viele λ und $\sum_\lambda \phi_\lambda(x) = 1$ gilt, haben wir $\tilde{F}(X) \subset \text{konv}(F(A))$. Außerdem ist $\tilde{F}$ offensichtlich in $X \setminus A$ und in jedem inneren Punkt von A stetig.

Sei also $x_o \in \partial A$. Da A abgeschlossen und F stetig ist, existiert zu $\varepsilon > 0$ ein $\delta = \delta(\varepsilon, x_o) > 0$, so daß $|Fx - Fx_o| < \varepsilon$ für alle $x \in A$ mit $d(x, x_o) < \delta$ gilt. Wir zeigen, daß $|\tilde{F}x - \tilde{F}x_o| < \varepsilon$ für alle $x \in X \setminus A$ mit $d(x, x_o) < \delta/4$ gilt.

Es ist $|\tilde{F}x - \tilde{F}x_o| \leq \sum_\lambda \phi_\lambda(x)|Fa_\lambda - Fx_o|$, da $\sum_\lambda \phi_\lambda(x) = 1$ ist. Wir haben also nur zu zeigen, daß $|Fa_\lambda - Fx_o| < \varepsilon$ aus $\phi_\lambda(x) \neq 0$ und $d(x, x_o) < \delta/4$ folgt. $\phi_\lambda(x) \neq 0$ bedeutet $x \in U_\lambda$, folglich $d(x, a_\lambda) \leq d(x, u) + d(u, a_\lambda) \leq d(U_\lambda) + d(u, a_\lambda)$ für jedes $u \in U_\lambda$, und damit $d(x, a_\lambda) \leq \rho(a_\lambda, U_\lambda) + d(U_\lambda)$. Aus $U_\lambda \subset K_{x_1}$ für ein $x_1 \in X \setminus A$ folgt weiter

$$d(x, a_\lambda) < 2\rho(A, U_\lambda) + d(K_{x_1}) \leq 3\rho(A, U_\lambda) \leq 3d(x_o, x) .$$

Damit haben wir $d(a_\lambda, x_o) \leq d(x, x_o) + d(x, a_\lambda) \leq 4d(x, x_o) < \delta$, also auch $|Fa_\lambda - Fx_o| < \varepsilon$. Insgesamt existiert also zu $\varepsilon > 0$ ein $\delta = \delta(\varepsilon, x_o) > 0$, so daß $|\tilde{F}x - \tilde{F}x_o| < \varepsilon$ für alle $x \in K_{\delta/4}(x_o)$ gilt, d.h. $\tilde{F}$ ist auch in den Randpunkten von A stetig.

q.e.d.

<u>Bemerkung</u>. Ist X ein metrischer Raum und $\Omega \subset X$, so heißt Ω <u>Retrakt</u> , wenn ein stetiger Operator $R: X \to \Omega$ mit $Rx = x$ für jedes $x \in \Omega$ existiert. Nach Satz 1 ist z.B. jede abgeschlossene konvexe Menge eines normierten Raumes ein Retrakt (man setze $R = \overset{\sim}{I|_\Omega}$) . Ist insbesondere X ein H-Raum und $\Omega \subset X$ abgeschlossen, konvex und beschränkt, so existiert sogar eine kontrahierende Retraktion $R: X \to \Omega$ (vgl. Aufg. 4.4) .

Für den Sonderfall $X = R^m$, $Y = R^n$ haben wir das

<u>Korollar 1</u>. Ist $A \subset R^m$ abgeschlossen und $f: A \to R^n$ stetig, dann existiert eine stetige Fortsetzung $\tilde{f}$ von f auf R^m mit $\tilde{f}(R^m) \subset \text{konv}(f(A))$. Ist A auch beschränkt (d.h. kompakt) , $\{a^1, a^2, \ldots\}$ eine in A dichte Teilmenge von A und $\phi_i(x) = \min\{2 - [\rho(x, A)]^{-1}|x - a^i|, 0\}$ für $x \notin A$, so ist durch

$$(*) \qquad \tilde{f}(x) = \begin{cases} f(x) & \text{für } x \in A \\ \left[\sum_{i \geq 1} 2^{-i}\phi_i(x)\right]^{-1} \sum_{i \geq 1} 2^{-i}\phi_i(x)f(a^i) & \text{für } x \notin A \end{cases}$$

eine stetige Fortsetzung von f auf R^m mit $\tilde{f}(R^m) \subset \overline{\text{konv}(f(A))}$.

Die Stetigkeit von $\tilde{f}$ aus $(*)$ zeigt man ähnlich wie die Stetigkeit von $\tilde{F}$ in Beweis von Satz 1 . Ist A keine endliche Menge, so ist

$$\left[\sum_{i=1}^{p} \alpha_i \right]^{-1} \sum_{i=1}^{p} \alpha_i f(a^i) \in \text{konv}(f(A)) \quad \text{für jedes } p \in \mathbb{N} \quad (\text{mit } \alpha_i = 2^{-i}\phi_i(x)) \; ;$$

hieraus folgt für $p \to \infty$ die Beziehung $\hat{f}(R^m) \subset \overline{\text{konv}(f(A))}$.

§ 6. DIFFERENZIERBARE ABBILDUNGEN DES R^n

In diesem Paragraphen stellen wir einige analytische Hilfsmittel zusammen, die im nächsten Kapitel zur Definition des Abbildungsgrades benötigt werden. Für einen guten Überblick empfehlen wir, sich zunächst
nur die Bezeichnungsweise und die Ergebnisse einzuprägen, dann § 7 und
§ 8 zu lesen, und abschließend die Beweise der Hilfsmittel durchzugehen.

I. Bezeichnungen

Für $x,y \in R^n$ setzen wir $|x| = \left(\sum_{i=1}^{n} x_i^2 \right)^{1/2}$ und $\langle x,y \rangle = \sum_{i=1}^{n} x_i y_i$. Be-
zeichnet e^k den Vektor aus R^n mit $e_i^k = \delta_{ik}$, so ist $x = \sum_{1}^{n} x_i e^i = \sum_{1}^{n} \langle x,e^i \rangle e^i$.

Ist $\Omega \subset R^n$ offen, so setzen wir $\Omega_\delta = \{x \in \Omega : \rho(x,\partial\Omega) \geq \delta\}$ mit $\delta > 0$ so
klein, daß $\Omega_\delta \neq \emptyset$ ist. $C(\overline{\Omega})$ ist stets der B-Raum aller stetigen $f: \overline{\Omega} \to R^n$
mit $|f|_o = \sup_{\overline{\Omega}} |f(x)| < \infty$; $C^k(\Omega)$ ist der Raum aller k-mal stetig dif-
ferenzierbaren $f: \Omega \to R^n$, und es ist $C^\infty(\Omega) = \bigcap_{k \in \mathbb{N}} C^k(\Omega)$. Schließlich
ist $\overline{C}^k(\Omega) = C(\overline{\Omega}) \cap C^k(\Omega)$.
Für $f \in C^1(\Omega)$ ist $\partial_j f_i(x) = \dfrac{\partial f_i(x)}{\partial x_j}$, $f'(x) = (\partial_j f_i(x))$ und $J_f(x) =$
det $f'(x)$ die Funktionaldeterminante von f . Es ist $N_f(\Omega) = \{x \in \Omega : J_f(x) = 0\}$;
für fixiertes Ω schreiben wir auch kurz N_f anstelle von $N_f(\Omega)$.
Für reelle n×n-Matrizen (a_{ij}) verwenden wir die Norm $|(a_{ij})| = \left(\sum_{i,j=1}^{n} a_{ij}^2 \right)^{1/2}$.
Wir setzen supp $f = \overline{\{x : f(x) \neq 0\}}$, und für $x_o \in R^n$ ist $\Omega - x_o = \{x - x_o : x \in \Omega\}$.
Das n-dimensionale Lebesgue-Maß wird mit μ_n bezeichnet.

II. Das Lemma von Sard

Das allgemeine Lemma von Sard [53] lautet wie folgt: Ist $\Omega \subset R^n$ offen,
$f \in C^1(\Omega)$ und $\Omega^* \subset \Omega$ Lebesgue-meßbar, so ist $f(\Omega^*)$ meßbar und $\mu_n(f(\Omega^*)) \leq \int_{\Omega^*} |J_f(x)| dx$.

Einen ausführlichen Beweis findet man in [56,Chap.IIIA] . Wir beschränken uns auf einen Sonderfall, der für unsere Zwecke ausreicht.

<u>Satz 1.</u> Ist $\Omega \subset R^n$ offen und $f \in C^1(\Omega)$, so ist $f(N_f(\Omega))$ eine Null-
menge.[*]

<u>Beweis.</u> Ω läßt sich als abzählbare Vereinigung von Würfeln[**] $Q_i \subset \Omega$
darstellen. Ist Q irgendeiner dieser Würfel, so genügt es zu zeigen,
daß $f(N_f(Q))$ eine Nullmenge ist; nach der Fußnote ist dann auch $f(N_f(\Omega))$
$= \bigcup_i f(N_f(Q_i))$ eine Nullmenge.

Es sei ρ die Kantenlänge von Q . Da $f'(x)$ auf Q gleichmäßig stetig und
beschränkt ist, existiert ein $c > 0$ und zu $\varepsilon > 0$ ein $l \in \mathbb{N}$, so daß
$|f'(x)| \leq c$ auf Q und $|f'(x)-f'(\overline{x})| \leq \varepsilon$ für alle $x,\overline{x} \in Q$ mit $|x-\overline{x}| \leq \delta$
$:= \sqrt{n}\rho l^{-1}$ gilt. Damit ist

$$|f(x)-f(\overline{x})-f'(\overline{x})(x-\overline{x})| \leq \int_0^1 |f'(\overline{x}+t(x-\overline{x}))-f'(\overline{x})||x-\overline{x}|dt \leq \varepsilon|x-\overline{x}|$$

für alle $x,\overline{x} \in Q$ mit $|x-\overline{x}| \leq \delta$.

Wir zerlegen nun Q in r Würfel Q^k mit Durchmesser δ . Da $\delta/\sqrt{n}$ die Kantenlänge von Q^k ist, haben wir $r = l^n$, und für $x,\overline{x} \in Q^k$ ist

$$f(x) = f(\overline{x})+f'(\overline{x})(x-\overline{x})+R(x,\overline{x}) \quad \text{mit} \quad |R(x,\overline{x})| \leq \varepsilon\delta .$$

Angenommen, $x^k \in Q^k \cap N_f$. Dann setzen wir $A = f'(x^k)$ und erhalten durch
Übergang zu $g(y) := f(x^k+y)-f(x^k)$ für $y \in \overset{\vee}{Q}{}^k := Q^k-x^k$

$$g(y) = Ay + \tilde{R}y \quad \text{mit} \quad |\tilde{R}y| = |R(x^k+y,x^k)| \leq \varepsilon\delta .$$

Da $\det A = 0$, d.h. der Rang von A kleiner als n ist, liegt $A(\overset{\vee}{Q}{}^k)$ in
einem $(n-1)$-dimensionalen Unterraum von R^n . Daher existiert ein $b^1 \in R^n$
mit $|b^1| = 1$ und $\langle x,b^1 \rangle = 0$ für jedes $x \in A(\overset{\vee}{Q}{}^k)$. Wir ergänzen b^1 zu
einer Orthonormalbasis $(b^1,\ldots,b^n)$ von R^n und haben

$$g(y) = \sum_{i=1}^n \langle g(y),b^i \rangle b^i \; , \text{ mit } |\langle g(y),b^1 \rangle| \leq |\langle Ay,b^1 \rangle|+|\langle \tilde{R}y,b^1 \rangle| \leq$$

$|\tilde{R}y||b^1| \leq \varepsilon\delta$ und

$$|\langle g(y),b^i \rangle| \leq |A||y|+|\tilde{R}y||b^i| \leq |A|\delta+\varepsilon\delta \quad (i=2,\ldots,n) .$$

---

[*] Für $I = [a,b] \subset R^n$ ist $\mu_n(I) = \prod_{i=1}^n (b_i-a_i)$. $M \subset R^n$ heißt μ_n-Nullmenge
(kurz $\mu_n(M) = 0$) , wenn zu jedem $\varepsilon > 0$ höchstens abzählbar viele I_i mit
$M \subset \bigcup_i I_i$ und $\sum_i \mu_n(I_i) \leq \varepsilon$ existieren. Hieraus folgt leicht, daß die Vereinigung abzählbar vieler Nullmengen ebenfalls eine Nullmenge ist. Eine
Nullmenge hat keine inneren Punkte, denn sonst würde $I \subset M$ existieren,
d.h. es wäre $\mu_n(M) \geq \mu_n(I) > 0$.

[**] Würfel := kompaktes Intervall mit gleichlangen Kanten.

Damit liegt also $f(Q^k)$ in einem Intervall I_k um $f(x^k)$ mit

$$\mu_n(I_k) = \left[2(|A|\delta+\varepsilon\delta)\right]^{n-1}\cdot 2\varepsilon\delta = 2^n(|A|+\varepsilon)^{n-1}\varepsilon\delta^n \ .$$

Folglich ist $f(N_f(Q)) \subset \bigcup_{k=1}^{r} I_k$ und

$$\sum_{k=1}^{r} \mu_n(I_k) = \sum_{k=1}^{r} \{2^n(|f'(x^k)|+\varepsilon)^{n-1}\varepsilon\delta^n\} \leq r\cdot 2^n(c+\varepsilon)^{n-1}\varepsilon\delta^n$$

$$\leq \left[2^n(c+\varepsilon)^{n-1}(\sqrt{n}\rho)^n\right]\varepsilon \ .$$

Da $\varepsilon > 0$ beliebig war, ist also $f(N_f(Q))$ eine μ_n-Nullmenge.

q.e.d.

<u>Korollar 1</u>. Ist $\Omega \subset R^m$ offen, $f\colon \Omega \to R^n$ stetig differenzierbar und $n > m$, so ist $\mu_n(f(\Omega)) = 0$.

Identifiziert man nämlich R^m z.B. mit $\{x\in R^n : x_{m+1}=\ldots=x_n=0\}$, so ist $J_f(x) = 0$ auf Ω , d.h. $N_f(\Omega) = \Omega$.

III. Approximation stetiger Funktionen durch C^∞-Funktionen

Die gleichmäßige Approximierbarkeit stetiger Funktionen durch stetig differenzierbare beweist man z.B. wie K. Weierstraß (Approximation durch Polynome, vgl. Satz 4.3) , oder nach der folgenden Methode.
Wir definieren Funktionen $\phi_\varepsilon\colon R^n \to R^1$ durch

$$\phi_1(x) = \begin{cases} c\cdot\exp\left[-(1-|x|^2)^{-1}\right] & \text{für } |x| < 1 \\ 0 & \text{für } |x| \geq 1 \end{cases} ,$$

(wobei $c > 0$ so gewählt ist, daß $\int_{R^n} \phi_1(x)dx = 1$ gilt) und $\phi_\varepsilon(x) = \varepsilon^{-n}\phi_1(x/\varepsilon)$ für $\varepsilon > 0$. Man prüft leicht nach, daß $\operatorname{supp} \phi_\varepsilon = \overline{K}_\varepsilon(0)$, $\phi_\varepsilon \in C^\infty(R^n)$ und $\int_{R^n} \phi_\varepsilon(x)dx = \int_{K_\varepsilon(0)} \phi_\varepsilon(x)dx = 1$ gilt.

<u>Satz 2</u>. (a) Ist $A \subset R^n$ kompakt, $f\in C(A)$ und $\varepsilon > 0$, so existiert ein $g\in C^\infty(R^n)$ mit $|f-g|_0 = \max_A|f(x)-g(x)| \leq \varepsilon$.
(b) Es sei $\Omega \subset R^n$ offen und beschränkt, $f\in \overline{C}^1(\Omega)$, $\varepsilon > 0$ und $\delta > 0$ mit $\Omega_\delta \neq \emptyset$. Dann existiert ein $g\in C^\infty(R^n)$, so daß $|f-g|_0 + \max_{\Omega_\delta}|f'(x)-g'(x)| \leq \varepsilon$ gilt.

<u>Beweis</u>. (a) Nach Korollar 5.1 existiert eine stetige Fortsetzung $\tilde{f}$ von f auf R^n . Wir setzen

$$f_\alpha(x) = \int_{R^n} \tilde{f}(\xi)\phi_\alpha(\xi-x)d\xi \qquad\qquad (x\in R^n, \alpha > 0) \ .$$

Da wegen supp $\phi_\alpha = \overline{K}_\alpha(0)$ nur über einen beschränkten Bereich integriert wird, dürfen wir unter dem Integral differenzieren; folglich ist $f_\alpha \in C^\infty(R^n)$. Da $\overset{\scriptscriptstyle\vee}{f}$ auf $\{x \in R^n: \rho(x,A) \leq 1\}$ gleichmäßig stetig ist, existiert zu $\varepsilon/2$ ein $\delta_o \leq 1$ mit $|\overset{\scriptscriptstyle\vee}{f}(x)-\overset{\scriptscriptstyle\vee}{f}(\overline{x})| \leq \varepsilon/2$ für $|x-\overline{x}| \leq \delta_o$. Damit haben wir für $x \in A$ und $\alpha < \delta_o$ (aufgrund der Eigenschaften von ϕ_α)

$$|f(x)-f_\alpha(x)| = |\overset{\scriptscriptstyle\vee}{f}(x) - \int_{R^n}\overset{\scriptscriptstyle\vee}{f}(\xi)\phi_\alpha(\xi-x)d\xi| = |\int_{R^n}\{\overset{\scriptscriptstyle\vee}{f}(x)-\overset{\scriptscriptstyle\vee}{f}(\xi)\}\phi_\alpha(\xi-x)d\xi|$$

$$\leq \frac{\varepsilon}{2} \int_{R^n}\phi_\alpha(\xi-x)d\xi = \varepsilon/2 .$$

Mit $g = f_\alpha$ für $\alpha < \delta_o$ ist also die Behauptung (a) bewiesen.

(b) Wir verwenden die f_α aus (a) und setzen $A = \overline{\Omega}$. Für $x \in \Omega_\delta$ und $\alpha < \delta$ ist $K_\alpha(x) \subset \Omega$, folglich

$$\partial_j f_{\alpha i}(x) = \partial_j|\int_{R^n}f_i(\xi+x)\phi_\alpha(\xi)d\xi| = \int_{R^n}\partial_j f_i(\xi+x)\phi_\alpha(\xi)d\xi ,$$

und damit

$$|\partial_j f_i(x)-\partial_j f_{\alpha i}(x)| \leq \int_{R^n}|\partial_j f_i(x)-\partial_j f_i(\xi+x)|\phi_\alpha(\xi)d\xi .$$

Da die $\partial_j f_i$ auf $\Omega_{\delta/2}$ gleichmäßig stetig sind, existiert ein $\delta_1 < \delta/2$, so daß $|\partial_j f_i(x+\xi)-\partial_j f_i(x)| \leq \varepsilon/2n$ für alle ξ mit $|\xi| \leq \delta_1$ und alle $x \in \Omega_\delta$ gilt. Für $\alpha \leq \delta_1$ ist daher $\max\limits_{\Omega_\delta}|\partial_j f_i(x)-\partial_j f_{\alpha i}(x)| \leq \varepsilon/2n$ für $i,j=1,\ldots,n$, also auch $\max\limits_{\Omega_\delta}|f'(x)-f'_\alpha(x)| \leq \varepsilon/2$. Wählt man daher $\alpha < \min(\delta_o,\delta_1)$ mit δ_o aus (a) , so ist $|f-f_\alpha|_o + \max\limits_{\Omega_\delta}|f'(x)-f'_\alpha(x)| \leq \varepsilon$.

q.e.d.

IV. Eine Folgerung aus dem Homeomorphiesatz

Der (Homeomorphie-)Satz 3.3 lautet im Sonderfall $X = Y = R^n$: Ist $\Omega \subset R^n$ offen, $f \in C^1(\Omega)$, $x_o \in \Omega$ und $J_f(x_o) \neq 0$, dann existiert eine Umgebung $U \subset \Omega$ von x_o , so daß $f|_U$ ein Homeomorphismus von U auf die Umgebung $f(U)$ von $y_o = f(x_o)$ ist.

Der Beweis von Satz 3.3 zeigt außerdem, daß man sogar ein zusammenhängendes U findet (mit $U = K_\rho(x_o)$ für ein $\rho > 0$ ist $U_o = T(K_r(y_o))$ zusammenhängend) .

Satz 3. Es sei $\Omega \subset R^n$ offen und beschränkt, $f \in \overline{C}^1(\Omega)$, $y_o \notin f(\partial\Omega)$ und $J_f(x) \neq 0$ für jedes $x \in \Omega$ mit $f(x) = y_o$ (d.h. $N_f \cap f^{-1}(y_o) = \emptyset$) . Dann besteht $f^{-1}(y_o)$ aus höchstens endlich vielen Punkten. Ist $f^{-1}(y_o) = \{x^1,\ldots,x^m\}$, so existieren ein $r > 0$ und Umgebungen $U(x^i)$ von x^i derart, daß die $\overline{U(x^i)} \subset \Omega$ paarweise disjunkt sind, (das Vorzeichen)sgn $J_f(x)$

auf $\overline{U(x^i)}$ konstant und $f|_{U(x^i)}$ ein Homeomorphismus von $U(x^i)$ auf $K_r(y_o)$ ist.

<u>Beweis</u>. 1. Angenommen, $f^{-1}(y_o)$ ist nicht endlich. Dann hat $f^{-1}(y_o)$ einen Häufungspunkt $x_o \in \overline{\Omega}$. Aus $f \in C(\overline{\Omega})$ folgt $f(x_o) = y_o$, und wegen $y_o \notin f(\partial\Omega)$ ist $x_o \in \Omega$. Da nach Voraussetzung $J_f(x_o) \neq 0$ ist, existiert eine Umgebung $U(x_o)$ mit $f(x) \neq y_o$ in $U(x_o) \setminus \{x_o\}$, in Widerspruch zu "x_o ist Häufungspunkt von $f^{-1}(y_o)$" .

2. Ist $f^{-1}(y_o) = \{x^1, \ldots, x^m\}$, so existiert eine zush. Umgebung $U_o(x^i)$ derart, daß $f|_{U_o(x^i)}$ ein Homeomorphismus auf eine Umgebung $V_i(y_o)$ ist. Eventuell nach Verkleinerung der $U_o(x^i)$ haben wir $U_o(x^i) \cap U_o(x^j) = \emptyset$ für $i \neq j$ und $J_f(x) \neq 0$ auf $\overline{U_o(x^i)}$, da $J_f(\cdot)$ stetig und $J_f(x^i) \neq 0$ ist. Da $V = \bigcap\limits_{i=1}^{m} V_i(y_o)$ offen ist, haben wir $K_r(y_o) \subset V$ für ein $r > 0$. Wir setzen $U(x^i) := f^{-1}(K_r(y_o)) \cap U_o(x^i)$. Die $U(x^i)$ haben alle verlangten Eigenschaften; insbesondere ist sgn $J_f(x)$ auf $\overline{U(x^i)}$ konstant, da $J_f(x) \neq 0$ und $\overline{U(x^i)}$ zusammenhängend ist.

q.e.d.

V. Hilfssätze

<u>Hilfssatz 1</u>. Es sei $\Omega \subset R^n$ offen, $f \in C^2(\Omega)$ und $d_{ij}(x)$ die mit $(-1)^{i+j}$ multiplizierte Unterdeterminante von $J_f(x)$, die durch Streichen der j-ten Zeile und i-ten Spalte entsteht (d.h. $d_{ij}(x)$ ist der Kofaktor von $\partial_i f_j(x)$) . Dann ist

$$\sum\limits_{i=1}^{n} \partial_i d_{ij}(x) = 0 \qquad (\text{für } j = 1, \ldots, n) \ .$$

<u>Beweis</u>. Für fixiertes j sei f_{x_1} die Spalte mit den Elementen $\partial_1 f_1, \ldots, \partial_1 f_{j-1}, \partial_1 f_{j+1}, \ldots, \partial_1 f_n$. Dann ist $d_{ij}(x) = (-1)^{i+j} \det(f_{x_1}, \ldots, \hat{\overline{f}}_{x_i}, \ldots, f_{x_n})$, wobei $\hat{}$ das Fehlen der Spalte bedeutet. Nach einer bekannten Differentiationsregel ist

$$\partial_i d_{ij} = (-1)^{i+j} \sum\limits_{k=1 (k \neq i)}^{n} \det(f_{x_1}, \ldots, \hat{f}_{x_i}, \ldots, f_{x_{k-1}}, \partial_i f_{x_k}, f_{x_{k+1}}, \ldots, f_{x_n}) \ .$$

Nun sei $c_{ki} = \det(\partial_i f_{x_k}, f_{x_1}, \ldots, \hat{f}_{x_i}, \ldots, \hat{f}_{x_k}, \ldots, f_{x_n})$. Wegen $f \in C^2(\Omega)$ ist $c_{ki} = c_{ik}$. Da bei Vertauschung zweier benachbarter Spalten das Vorzeichen der Determinante wechselt, haben wir also

$$(-1)^{i+j} \partial_i d_{ij} = \sum_{k<i} (-1)^{k-1} c_{ki} + \sum_{k>i} (-1)^{k-2} c_{ki} = \sum_{k=1}^{n} (-1)^{k-1} \sigma_{ki} c_{ki} \ ,$$

mit $\sigma_{ki} = 1$ für $k < i$, $= 0$ für $k = i$ und $= -1$ für $k > i$. Da $\sigma_{ki} = -\sigma_{ik}$ und $c_{ki} = c_{ik}$ gilt, folgt

$$(-1)^j \sum_{i=1}^{n} \partial_i d_{ij} = \sum_{i,k=1}^{n} (-1)^{k+i-1} \sigma_{ki} c_{ki} = \sum_{k,i=1}^{n} (-1)^{k+i-1} \sigma_{ik} c_{ik} =$$

$$- \sum_{i,k=1}^{n} (-1)^{i+k-1} \sigma_{ki} c_{ki} \ ,$$

d.h. $\sum_{i=1}^{n} \partial_i d_{ij}(x) = 0$.

$$\text{q.e.d.}$$

<u>Hilfssatz 2.</u> (a) Es sei $u \in C^1(\mathbb{R}^n)$, $K = \text{supp } u$ kompakt und $\phi = \text{div } u$ (d.h. $\phi(x) = \sum_{i=1}^{n} \partial_i u_i(x)$) . Dann ist $\int_{\mathbb{R}^n} \phi(x) dx = 0$.

(b) Es sei $\psi \colon \mathbb{R}^n \to \mathbb{R}^1$ stetig differenzierbar und $z \in \mathbb{R}^n$ fixiert. Dann ist

$$\psi(x+z) - \psi(x) = \text{div} \left[z \int_0^1 \psi(x+tz) dt \right] \ .$$

(c) Es seien u, K und ϕ wie in (a) , $\Omega \subset \mathbb{R}^n$ offen und beschränkt, $f \in \overline{C}^2(\Omega)$ und $K \cap f(\partial\Omega) = \emptyset$. Dann existiert ein $v \in \overline{C}^1(\Omega)$ mit $\text{supp } v \subset \Omega$, so daß $\phi(f(x)) J_f(x) = \text{div } v(x)$ in Ω gilt.

<u>Beweis.</u> (a) ergibt sich durch Integration über ein Intervall $[-a,a] \subset \mathbb{R}^n$ mit $\text{supp } u \subset [-a,a]$.

(b) Mit $\eta(x) = \int_0^1 \psi(x+sz) ds$ haben wir

$$\text{div}[z\eta(x)] = \sum_{i=1}^{n} z_i \partial_i \eta(x) = \frac{d}{dt}\eta(x+tz)\Big|_{t=0} = \int_0^1 \frac{d}{dt}\psi(x+sz+tz)\Big|_{t=0} ds =$$

$$\int_0^1 \frac{d}{ds}\psi(x+sz) ds = \psi(x+z) - \psi(x) \ .$$

(c) Es sei $d_{ij}(x)$ der Kofaktor von $\partial_i f_j(x)$. Wir setzen $v_i(x) = \sum_{j=1}^{n} u_j(f(x)) d_{ij}(x)$ für $i=1,\ldots,n$. Da $K \cap f(\partial\Omega) = \emptyset$ und $f \in C(\overline{\Omega})$ ist, existiert ein $\delta > 0$ mit $\rho(K, f(\overline{\Omega} \setminus \Omega_\delta)) > 0$; somit ist $\text{supp } v \subset \Omega_\delta \subset \Omega$. Außerdem haben wir

$$\partial_i v_i(x) = \sum_{k,j=1}^{n} d_{ij}(x) \partial_k u_j(f(x)) \partial_i f_k(x) + \sum_{j=1}^{n} u_j(f(x)) \partial_i d_{ij}(x) \ .$$

Mit Hilfssatz 1 und der bekannten Entwicklung $\sum\limits_{i=1}^{n} d_{ij}(x)\partial_i f_k(x) = \delta_{jk}\cdot J_f(x)$ erhalten wir daher

$$\text{div } v(x) = \sum_{k,j} \partial_k u_j(f(x))\{\sum_{i=1}^{n} d_{ij}(x)\partial_i f_k(x)\} + \sum_j u_j(f(x))\{\sum_i \partial_i d_{ij}(x)\}$$

$$= \sum_{k,j} \partial_k u_j(f(x))\delta_{jk} J_f(x) = \phi(f(x)) J_f(x) \quad .$$

q.e.d.

VI. Stetige Fortsetzung ungerader Abbildungen

Wir zeigen abschließend, daß eine ungerade Abbildung des Randes einer symmetrischen Menge $\Omega \subset R^m$ in den R^n mit $n > m$, die auf $\partial\Omega$ keine Nullstellen hat, so auf $\overline{\Omega}$ fortgesetzt werden kann, daß sie auf $\overline{\Omega}$ ungerade ist und keine Nullstellen besitzt (Ω heißt symmetrisch, falls $\Omega = -\Omega = \{-x : x \in \Omega\}$ gilt) .

<u>Hilfssatz 3.</u> Es sei $K \subset R^m$ kompakt, $f: K \to R^n$ (mit $n > m$) stetig, $0 \notin f(K)$ und $Q \subset R^m$ ein kompaktes Intervall mit $K \subset Q$. Dann existiert eine stetige Fortsetzung $\tilde{f}$ von f mit $0 \notin \tilde{f}(Q)$.

<u>Beweis.</u> Wir fassen R^m als $\{x \in R^n : x_{m+1} = \ldots = x_n = 0\}$ auf. Da $\alpha := \rho(0, f(K)) > 0$ ist, existiert nach Satz 2 ein $\tilde{g} \in C(R^n)$ mit $\beta := \max\limits_{K}|f(x)-\tilde{g}(x)| < \alpha/4$. Nach Korollar 1 ist $\tilde{g}(Q)$ eine Nullmenge, also insbesondere $y=0$ kein innerer Punkt von $\tilde{g}(Q)$, d.h. es existiert $y_0 \in R^n$ beliebig nahe beim Nullpunkt mit $y_0 \notin \tilde{g}(Q)$; wir wählen $|y_0| < \alpha/4 - \beta$. Für $g := \tilde{g} - y_0$ haben wir also $0 \notin g(Q)$ und $\max\limits_{K}|f(x)-g(x)| < \alpha/4$. Durch Übergang zu $g^*: Q \to R^n$, definiert durch

$$g^*(x) = \frac{g(x)}{\phi(|g(x)|)} \quad \text{mit} \quad \phi(t) = \begin{cases} 1 & \text{für } t \geq \alpha/2 \\ 2t/\alpha & \text{für } 0 \leq t < \alpha/2 \end{cases} ,$$

erhalten wir eine stetige Funktion mit $\min\limits_{Q}|g^*(x)| \geq \alpha/2$ und $g^* = g$ auf K , also auch $|g^*(x)-f(x)| < \alpha/4$ auf K . Wir setzen $g^*|_K - f$ nach der Formel in Korollar 5.1 auf Q fort zu $\hat{g}$ und haben $\max\limits_{Q}|\hat{g}(x)| \leq \alpha/4$. Es sei $\tilde{f} = g^* - \hat{g}$.

Für $x \in K$ ist $\tilde{f}(x) = g^*(x) - (g^*(x)-f(x)) = f(x)$, und für $x \in Q$ ist $|\tilde{f}(x)| \geq |g^*(x)| - |\hat{g}(x)| \geq \alpha/4$.

q.e.d.

<u>Satz 4</u>. Es sei $\Omega \subset R^m$ offen, beschränkt und symmetrisch; $0 \notin \overline{\Omega}$; $f: \partial\Omega \to R^n$ (mit $n > m$) stetig und ungerade; $0 \notin f(\partial\Omega)$. Dann hat f eine stetige, ungerade Fortsetzung $\overset{\scriptscriptstyle\sim}{f}$ auf $\overline{\Omega}$ mit $0 \notin \overset{\scriptscriptstyle\sim}{f}(\overline{\Omega})$.

<u>Beweis</u>. (durch vollständige Induktion bzgl. $m < n$) Für $m = 1$ läßt sich jede offene Menge Ω als eine höchstens abzählbare Vereinigung offener Intervalle darstellen (man nehme z.B. die Zusammenhangskomponenten von Ω) . Unser Ω ist also von der Form $\Omega = \bigcup_i \{(\alpha_i, \beta_i) \cup (-\beta_i, -\alpha_i)\}$ (offen und symmetrisch) mit $\varepsilon \leq \alpha_i < \beta_i \leq r$ für ein $\varepsilon > 0$ und ein $r > 0$ ($0 \notin \overline{\Omega}$ und Ω beschränkt) . Nach Hilfssatz 3 - mit $K = \partial\Omega \cap [\varepsilon, r]$ - kann $f|_K$ stetig auf $[\varepsilon, r]$ fortgesetzt werden zu g mit $0 \notin g([\varepsilon, r])$. Somit ist durch

$$\overset{\scriptscriptstyle\sim}{f}(x) = \begin{cases} g(x) & \text{für } x \in \overline{\Omega} \cap [\varepsilon, r] \\ -g(-x) & \text{für } x \in \overline{\Omega} \cap [-r, -\varepsilon] \end{cases}$$

eine Fortsetzung der verlangten Art definiert.

Nun gelte die Behauptung für $m-1$. Wir identifizieren R^{m-1} mit $\{x \in R^m : x_m = 0\}$ und zerlegen $\Omega \subset R^m$ in $\Omega^+ \cup \Omega^- \cup \Omega_o$, mit $\Omega^+ = \{x \in \Omega : x_m > 0\}$, $\Omega^- = \{x \in \Omega : x_m < 0\}$ und $\Omega_o = \Omega \cap R^{m-1}$. Ist $\Omega_o \neq \emptyset$, so hat $f|_{\partial\Omega_o}$ nach Annahme eine stetige, ungerade Fortsetzung $\hat{f}$ auf $\overline{\Omega}_o$ mit $0 \notin \hat{f}(\overline{\Omega}_o)$. Setzen wir noch $\hat{f}(x) = f(x)$ für $x \in \partial\Omega$, so ist $\hat{f}$ stetig und ungerade auf der kompakten Menge $K = \overline{\Omega}_o \cup \partial\Omega$ und $0 \notin \hat{f}(K)$. Nach Hilfssatz 3 existiert also eine stetige Fortsetzung f^* auf $K \cup \Omega^+$ mit $0 \notin f^*(K \cup \Omega^+)$. Damit hat

$$\overset{\scriptscriptstyle\sim}{f}(x) = \begin{cases} f^*(x) & \text{für } x \in K \cup \Omega^+ \\ -f^*(-x) & \text{für } x \in \Omega^- \end{cases}$$

die geforderten Eigenschaften. Ist jedoch $\Omega_o = \emptyset$, so verfahren wir entsprechend mit $K = \partial\Omega$. Insgesamt ist dann also auch die Behauptung für m richtig.

q.e.d.

Wir ziehen noch eine Folgerung aus Satz 4 , die in § 10 zum Beweis einer wichtigen Eigenschaft des Abbildungsgrades verwendet wird.

<u>Korollar 2</u>. Es sei $\Omega \subset R^n$ ($n \geq 2$) offen, beschränkt und symmetrisch, $0 \notin \overline{\Omega}$, $f: \partial\Omega \to R^n$ stetig und ungerade und $0 \notin f(\partial\Omega)$. Identifiziert man $R^{n-1} = \{x \in R^n : x_n = 0\}$ und ist $\Omega \cap R^{n-1} \neq \emptyset$, so existiert eine stetige, ungerade Fortsetzung $\overset{\scriptscriptstyle\sim}{f}$ auf $\overline{\Omega}$ mit $0 \notin \overset{\scriptscriptstyle\sim}{f}(\overline{\Omega} \cap R^{n-1})$.

<u>Beweis</u>. Es sei $\Omega_o = \Omega \cap R^{n-1}$. Nach Satz 4 hat $f|_{\partial\Omega_o}$ eine stetige unge-

rade Fortsetzung $\hat{f}$ auf $\overline{\Omega}_o$ mit $0 \notin \hat{f}(\overline{\Omega}_o)$; setzen wir noch $\hat{f}(x) = f(x)$ für $x \in \partial\Omega$, so existiert nach Korollar 5.1 eine stetige Fortsetzung f^* von $\hat{f}$ auf $\overline{\Omega}$. Damit ist $\overset{\vee}{f}: \overline{\Omega} \to R^n$, definiert durch $\overset{\vee}{f}(x) = \frac{1}{2}(f^*(x) - f^*(-x))$, stetig und ungerade , $\overset{\vee}{f}(x) = \frac{1}{2}(f(x) - f(-x)) = f(x)$ für $x \in \partial\Omega$ und $\overset{\vee}{f}(x) = \frac{1}{2}(\hat{f}(x) - \hat{f}(-x)) = \hat{f}(x) \neq 0$ für $x \in \overline{\Omega}_o$.

q.e.d.

Kapitel 2. Der Abbildungsgrad von Brouwer

Die Theorie des Abbildungsgrades für stetige Abbildungen des R^n wurde
um 1900 von L. Kronecker, H. Poincaré, L. Brouwer u.a. im Rahmen der
kombinatorischen Topologie aufgebaut (vgl. [2] , [3]) . Da dieser topologische Zugang der Gründerzeit einen erheblichen Aufwand an Begriffen
erfordert, die für viele Analytiker von sekundärer Bedeutung sind, geben
wir eine rein analytische Definition, in der Art, wie sie nach 1950 von
M. Nagumo [41] , E. Heinz [28] u.a. entwickelt wurde. Sie beruht im wesentlichen auf den Sätzen 6.1 - 6.3 , also mit Ausnahme des Lemmas von
Sard auf Tatsachen, die schon in den Anfängervorlesungen angeboten werden. Der Abbildungsgrad ist offensichtlich dem Wunsch entsprungen, im
R^n ein ähnlich nützliches Hilfsmittel wie die Windungszahl ebener Kurven zu haben; wir werden in § 13 sehen, daß er sogar eine direkte Verallgemeinerung der Windungszahl auf höhere Dimensionen ist. Die Verhältnisse im R^2 sind ausführlich in der Monografie [35] dargestellt, die
wir auch wegen ihrer zahlreichen Anwendungsbeispiele sehr empfehlen;
dort wird eine geringfügige Modifikation des Begriffs Windungszahl, die
sogenannte Drehung ebener Vektorfelder behandelt. Obwohl die wichtigsten Eigenschaften der Windungszahl und ihre Anwendungen, z.B. auf Aussagen über Nullstellen holomorpher Funktionen, aus einer Einführung in
die Funktionentheorie bekannt sein werden, wollen wir sie hier doch
kurz zusammenstellen, weil dadurch einerseits die allgemeine Begriffs-
bildung plausibel, und andererseits der Zusammenhang mit den in der
Einleitung skizzierten Fragestellungen erkennbar wird.

Es sei $\Gamma \subset \mathbb{C}$ eine orientierte geschlossene Kurve mit der stetig differenzierbaren Darstellung z(t) (t $\in$ [0,1] , z(0) = z(1)) und a $\in \mathbb{C}$ ein Punkt,
der nicht auf Γ liegt. Dann nennt man die ganze Zahl[*)]

[*)] Beweise der folgenden Tatsachen findet man z.B. in [1] , [12] ,
[15,Chap.IX und Anhang] .

(1)
$$n(\Gamma,a) = \frac{1}{2\pi i} \int_\Gamma \frac{dz}{z-a}$$

die Windungszahl von Γ bzgl. a (oder auch den Index von Γ bzgl. a) , da
sie anschaulich angibt, wie oft sich Γ um den Punkt a windet. Ist jedoch die Kurve Γ nur stetig, so können wir sie gemäß Satz 6.2 beliebig
gut durch stetig differenzierbare Kurven approximieren, und es stellt
sich heraus, daß alle glatten Kurven dieselbe Windungszahl bzgl. a haben, sofern sie nur nahe genug bei Γ liegen. Genauer haben wir: Sind
$z_1(t)$ und $z_2(t)$ stetig differenzierbare Darstellungen der geschlossenen
Kurven Γ_1 und Γ_2 mit $\max\limits_{[0,1]} |z(t) - z_j(t)| < \rho(a,\Gamma)$ für j = 1,2 so ist
$n(\Gamma_1,a) = n(\Gamma_2,a)$. Wir können also $n(\Gamma,a) := n(\Gamma_1,a)$ definieren, wobei
Γ_1 irgendeine Kurve der angegebenen Art ist. Damit haben wir jedem Paar
(Γ,a) , wobei Γ eine stetige geschlossene Kurve und $a \notin \Gamma$ ist, eine ganze Zahl $n(\Gamma,a)$ zugeordnet. Diese $\mathbb{Z}$-wertige Windungszahl (-funktion)
hat u.a. folgende Eigenschaften:

(i) $n(\cdot,\cdot)$ ist stetig in (Γ,a) , d.h. bei "geringen" Änderungen von
      Γ (bzgl. der Maximum-Norm) und a (bzgl. der R^2-Norm) ändert sich
      (Γ,a) nicht.

(ii) $n(\Gamma,\cdot)$ ist sogar auf jeder Zusammenhangskomponente von $\mathbb{C} \setminus \Gamma$ kon-
      stant, und auf der unbeschränkten Komponente ist $n(\Gamma,\cdot) = 0$.

(iii) Sind die beiden Kurven Γ_o , Γ_1 mit den Darstellungen $z_o(t)$,
      $z_1(t)$ zueinander homotop in $\mathbb{C} \setminus \{a\}$, existiert also eine stetige
      Abbildung h: $[0,1] \times [0,1] \to \mathbb{C} \setminus \{a\}$ mit $h(0,\cdot) = z_o(\cdot)$, $h(1,\cdot) =$
      $z_1(\cdot)$ und $h(s,0) = h(s,1)$ für jedes $s \in [0,1]$, dann ist $n(\Gamma_s,a)$
      für jedes $s \in [0,1]$ dieselbe Zahl; dabei bezeichnet Γ_s die durch
      $h(s,\cdot)$ dargestellte Kurve. Mit anderen Worten: Wird Γ_o derart
      stetig zu Γ_1 deformiert, daß der Punkt a auf keiner Deformierten
      liegt, so ändert sich die Windungszahl nicht.

(iv) Bezeichnet Γ^- die entgegengesetzt orientierte Kurve Γ , so ist
      $n(\Gamma^-,a) = -n(\Gamma,a)$.

Nun sei $G \subset \mathbb{C}$ ein einfach zusammenhängendes Gebiet, $f: G \to \mathbb{C}$ holomorph
und nicht konstant in G , $\Gamma \subset G$ eine stückweise stetig differenzierbare
geschlossene Kurve und $f(z) \neq 0$ auf Γ . Aufgrund des Prinzips vom Ar-
gument ist dann

(2)
$$n(f(\Gamma),0) = \frac{1}{2\pi i} \int_\Gamma \frac{f'(z)}{f(z)}dz = \sum_k n(\Gamma,z_k)\alpha_k \quad ,$$

wobei z_k die Nullstellen der Vielfachheit α_k von f in den von Γ einge-
schlossenen Gebieten bezeichnet. Nehmen wir außerdem an, daß Γ doppel-
punktfrei und positiv orientiert ist, so schließt Γ nach dem Kurvensatz

von Jordan, den wir in § 11 beweisen, genau ein Gebiet $G_o \subset G$ ein, und es ist $n(\Gamma,z) = 1$ für jedes $z \in G_o$. Nach (2) haben wir daher $n(f(\Gamma),0) = \sum_k \alpha_k$, d.h. wir erhalten die Anzahl der von Γ umfahrenen Nullstellen von f , indem wir $n(f(\Gamma),0)$ berechnen. Im allgemeinen Fall (2) können wir wenigstens sagen, daß in den von Γ umfahrenen Gebieten insgesamt mindestens $|n(f(\Gamma),0)|$ Nullstellen von f liegen, wenn dort stets $n(\Gamma,z) = \pm 1$ gilt. Nach (i) ändert sich diese Mindestanzahl nicht, wenn wir f etwas ändern, und nach (iii) gilt dasselbe, wenn die Kurven $g(\Gamma)$ und $f(\Gamma)$ zueinander homotop in $\mathbb{C} \setminus \{0\}$ sind. Ist beispielsweise $|f(z)| > |f(z) - g(z)|$ auf Γ , so stellt $h(s,z) = f(z) + s(g(z)-f(z))$ offensichtlich eine $f(\Gamma)$ und $g(\Gamma)$ verbindende Homotopie dar, d.h. f und g haben in den genannten Fällen dieselbe (Mindest-) Anzahl von Nullstellen (Satz von Rouché).

Wenn wir nun im R^n ein entsprechendes Hilfsmittel konstruieren und damit ähnliche Ergebnisse über die Lösbarkeit der Gleichung $f(x) = y$ erzielen wollen, so haben wir offene beschränkte Mengen Ω des R^n (den von Γ umfahrenen Gebieten entsprechend), stetige Abbildungen $f: \overline{\Omega} \to R^n$ und Punkte $y \in R^n \setminus f(\partial\Omega)$ zu betrachten, und auf der Menge dieser Tripel (f,Ω,y) eine $\mathbb{Z}$-wertige Funktion $d(\cdot,\cdot,\cdot)$ zu definieren, die das Lösungsverhalten von $f(x) = y$ möglichst gut beschreibt. An den Eigenschaften der Windungszahl und den in der Einleitung geäußerten Wünschen gemessen, sollten wir dabei wenigstens die folgenden Bedingungen erfüllen.

Für $f = I$ (Identität im R^n) ist $d(f,\Omega,y) = 1$ bzw. $= 0$, je nachdem $y \in \Omega$ oder $y \notin \overline{\Omega}$ gilt.
Ist $d(f,\Omega,y) \neq 0$, so hat $f(x) = y$ mindestens eine Lösung $x \in \Omega$.
$d(\cdot,\Omega,\cdot)$ ist stetig in (f,y) , d.h. geringe Änderungen von f und y ändern d nicht.
Sind f und g zueinander homotop im $R^n \setminus \{y\}$, so ist $d(f,\Omega,y) = d(g,\Omega,y)$. Für $y \notin f(\partial\Omega_1) \cup f(\partial\Omega_2)$ ist $d(f,\Omega_1 \cup \Omega_2) = d(f,\Omega_1,y) + d(f,\Omega_2,y)$.

Diese letzte Forderung deutet an, daß auch die Lage der Lösungen in Ω berücksichtigt wird. Wir zeigen in diesem Kapitel unter anderem, daß eine solche $\mathbb{Z}$-wertige Funktion existiert (§ 8), daß es sogar nur eine gibt (§ 13), und daß sie für $n = 2$ unter den skizzierten Verhältnissen mit der Windungszahl zusammenfällt (§ 13). Der Existenzbeweis verläuft in drei Etappen: Wir betrachten zunächst differenzierbare f , unter der zusätzlichen Annahme, daß $J_f(x) \neq 0$ für alle $x \in \Omega \cap f^{-1}(y)$ gilt ; in diesem einfachen Fall haben wir aufgrund von Satz 6.3 eine explizite Darstellung. Anschließend beseitigen wir mit Hilfe von Satz 6.1 diese Zusatzvoraussetzung und kommen schließlich mit dem Satz 6.2 von

den differenzierbaren zu den stetigen Abbildungen. Wir gehen also auch
hier nach dem bei der Definition der Windungszahl für stetige Kurven
skizzierten Schema vor.

§ 7. DER ABBILDUNGSGRAD FÜR STETIGE DIFFERENZIERBARE ABBILDUNGEN

Im folgenden ist Ω stets eine offene, beschränkt Teilmenge des R^n. Wir
betrachten $f \in \overline{C}^1(\Omega)$ und $y \notin f(\partial\Omega)$ und setzen zunächst noch $f^{-1}(y) \cap N_f(\Omega)$
$= \emptyset$ voraus (vgl. § 6). Nach Satz 6.3 enthält dann $f^{-1}(y)$ höchstens end-
lich viele Punkte.

<u>Definition 1</u>. Für $f \in \overline{C}^1(\Omega)$ und $y \notin f(\partial\Omega \cup N_f)$ setzen wir

$$d(f,\Omega,y) := \sum_{x \in f^{-1}(y)} \operatorname{sgn} J_f(x) \qquad (\text{Vereinbarung: } \sum_\emptyset = 0) \ ,$$

und nennen diese ganze Zahl den Abbildungsgrad von f auf Ω bzgl. y.

Obwohl diese Definition sinnvoll ist, wäre es in der gegebenen Situation naheliegender, card $f^{-1}(y)$ (die Anzahl der Elemente von $f^{-1}(y)$)
anstelle von $\sum \operatorname{sgn} J_f(x)$ zu nehmen. Man sieht jedoch leicht ein, daß
card $f^{-1}(y)$ z.B. nicht stetig von f und y abhängt. Betrachten wir beispielsweise n = 1 , $\Omega = (-1,1)$ und $f(x) = x^2$, so ist $J_f(x) = 2x$,
$N_f = \{0\}$, $f(N_f) = \{0\}$ und $f(\partial\Omega) = \{1\}$. Folglich ist card $f^{-1}(y) = 2$
für y > 0 und = 0 für y < 0 , andererseits jedoch $d(f,\Omega,y) = 1-1 = 0$
für $0 < y \neq 1$ und $d(f,\Omega,y) = 0$ für y < 0 .
Hat man z.B. festgestellt, daß $d(f,\Omega,y) = 5$ ist, so weiß man damit nur,
daß das Gleichungssystem f(x) = y mindestens fünf Lösungen aus Ω hat;
in Ω und außerhalb von $\overline{\Omega}$ kann es weitere Lösungen geben. Besonders un-
günstig ist der Fall $d(f,\Omega,y) = 0$, in dem überhaupt keine Aussage mög-
lich ist. Allgemein gesprochen ist also $|d(f,\Omega,y)|$ nur eine untere
Schranke für die Anzahl der Lösungen von f(x) = y in Ω . Andererseits
wird in Def.1 auch berücksichtigt, ob f in einer Umgebung der Lösung
$x_o \in f^{-1}(y)$ die Orientierung beibehält oder umgekehrt. Beispielsweise
hat im Fall n = 2 das Bild f(K) eines orientierten Kreises K um x_o
(mit genügend kleinem Radius) dieselbe bzw. die entgegengesetzte Orientierung, je nachdem $J_f(x_o) > 0$ oder $J_f(x_o) < 0$ ist.[*)]

---

*) Ist z.B. $x_o = f(x_o) = 0$ und K durch $\phi(t) = (\rho\cos t, \rho\sin t)$ gegeben,
so ist $\phi(t) \times \phi'(t) = \det\begin{pmatrix} \phi_1 & \phi_2 \\ \phi_1' & \phi_2' \end{pmatrix} e_3 = \rho^2 e_3$ (× bezeichnet das Außenprodukt

Aus der Def. 1 leiten wir nun mit Hilfe von Satz 6.3 eine nützliche
Integraldarstellung des Grades ab.

__Lemma 1.__ Es sei $f \in \overline{C}^1(\Omega)$, $y \notin f(\partial\Omega \cup N_f)$ und $(\phi_\varepsilon)_{\varepsilon > 0}$ eine Schar stetiger
Funktionen von R^n in R^1 mit supp $\phi_\varepsilon \subset \overline{K}_\varepsilon(0)$ und $\int_{R^n} \phi_\varepsilon(x)dx = 1$ für alle
$\varepsilon > 0$. Dann existiert ein $\varepsilon_0 = \varepsilon_0(f,y) > 0$, so daß

$$d(f,\Omega,y) = \int_\Omega \phi_\varepsilon(f(x)-y)J_f(x)dx$$

für alle $\varepsilon \leq \varepsilon_0$ gilt.

__Beweis.__ Ist $f^{-1}(y) = \emptyset$, so haben wir $\alpha = \rho(y,f(\overline{\Omega})) > 0$, folglich
$\phi_\varepsilon(f(x)-y) = 0$ auf $\overline{\Omega}$ für alle $\varepsilon < \alpha$; damit ist das Integral = 0 und
nach Def. 1 auch $d(f,\Omega,y) = 0$.
Nun sei $f^{-1}(y) = \{x^1,\ldots,x^m\}$. Nach Satz 6.3 existieren paarweise dis-
junkte Umgebungen $U(x^i)$ und ein $r > 0$, so daß f ein Homeomorphismus
von $U(x^i)$ auf $K_r(y)$ und sgn $J_f(x) = $ sgn $J_f(x^i)$ auf $U(x^i)$ ist. Da $f(x) \neq y$
für alle $x \in \Omega_0 = \overline{\Omega} \setminus \bigcup_{i=1}^m U(x^i)$ ist, existiert ein $\alpha > 0$ (o.B.d.A. $\alpha \leq r$),
so daß $|f(x)-y| \geq \alpha$, also auch $\phi_\varepsilon(f(x)-y) = 0$ für $\varepsilon \leq \alpha$ und $x \in \Omega_0$ gilt.
Somit haben wir für $\varepsilon < \alpha$

$$\int_\Omega \phi_\varepsilon(f(x)-y)J_f(x)dx = \sum_{i=1}^m \int_{U(x^i)} \phi_\varepsilon(f(x)-y)J_f(x)dx$$

$$= \sum_{i=1}^m \text{sgn } J_f(x^i) \int_{U(x^i)} \phi_\varepsilon(f(x)-y)|J_f(x)|dx \quad ;$$

nach einer bekannten Substitutionsregel ist aber, da $J_f(x) = J_{f(\cdot)-y}(x)$
gilt, $\int_{U(x^i)} \phi_\varepsilon(f(x)-y)|J_f(x)|dx = \int_{K_r(0)} \phi_\varepsilon(\xi)d\xi = 1$.

$$\text{q.e.d.}$$

Eine Schar der in Lemma 1 genannten Art bilden z.B. die Funktionen ϕ_ε
vor Satz 6.2.; diese ϕ_ε sind sogar aus $C^\infty(R^n)$. Die Integraldarstellung
verwenden wir nun in Verbindung mit Hilfssatz 6.2. , um für $f \in \overline{C}^2(\Omega)$
die Zusatzvoraussetzung $y \notin f(N_f)$ zu beseitigen.

__Hilfssatz 1.__ Es sei $f \in \overline{C}^2(\Omega)$, $y_0 \notin f(\partial\Omega)$ und $\alpha = \rho(y_0,f(\partial\Omega))$. Dann ist
$d(f,\Omega,y)$ für alle $y \in K_\alpha(y_0) \setminus f(N_f)$ dieselbe Zahl.

---

im R^3) , und für die Bildkurve $\psi(t) = f(\phi(t))$ erhält man durch Taylor-
Entwicklung $\psi(t) \times \psi'(t) = \{J_f(x_0)+\omega(\rho)\}\phi(t) \times \phi'(t)$ mit $\omega(\rho) \to 0$ für $\rho \to 0$.

<u>Beweis</u>. Es sei y^1 , $y^2 \in K_\alpha(y_o) \setminus f(N_f)$ und $\delta = \alpha - \max\{|y^i - y_o| : i = 1, 2\}$. Nach Lemma 1 können wir $\varepsilon < \delta$ so wählen, daß

$$d(f, \Omega, y^i) = \int_\Omega \phi_\varepsilon(f(x) - y^i) J_f(x) dx \quad \text{für} \quad i = 1, 2$$

gilt; dabei nehmen wir Funktionen ϕ_ε , die außerdem aus $C^2(R^n)$ sind. Nach Hilfssatz 6.2 haben wir

$$\phi_\varepsilon(x - y^2) - \phi_\varepsilon(x - y^1) = \phi_\varepsilon(x - y^1 + (y^1 - y^2)) - \phi_\varepsilon(x - y^1) = \text{div } w(x) \quad ,$$

mit

$$w(x) = (y^1 - y^2) \int_0^1 \phi_\varepsilon(x - y^1 + t(y^1 - y^2)) dt \quad .$$

Es ist supp $w \subset K_\alpha(y_o)$, denn aus $|x - y^1 + t(y^1 - y^2)| \leq \varepsilon$ und $t \in [0,1]$ folgt $|x - y_o| \leq \varepsilon + |y^1 - t(y^1 - y^2) - y_o| \leq \varepsilon + |(1-t)(y^1 - y_o) + t(y^2 - y_o)| \leq \varepsilon + \alpha - \delta < \alpha$. Da also $f(\partial\Omega) \cap \text{supp } w = \emptyset$ ist, existiert nach Hilfssatz 6.2 ein $v \in \overline{C}^1(\Omega)$ mit supp $v \subset \Omega$ und $\{\phi_\varepsilon(f(x) - y^2) - \phi_\varepsilon(f(x) - y^1)\} J_f(x) = \text{div } v(x)$. Hieraus folgt durch Integration über Ω die Behauptung.

q.e.d.

Nach Satz 6.1 ist $f(N_f)$ eine Nullmenge und hat daher keine inneren Punkte. Zu $y \in f(N_f)$ gibt es also insbesondere ein $y_o \in K_\alpha(y) \setminus f(N_f)$; aufgrund von Hilfssatz 1 ist damit die folgende Definition sinnvoll.

<u>Definition 2</u>. Es sei $f \in \overline{C}^2(\Omega)$ und $y \notin f(\partial\Omega)$. Für $y \notin f(N_f)$ ist $d(f, \Omega, y)$ gemäß Def. 1 erklärt, und für $y \in f(N_f)$ setzen wir $d(f, \Omega, y) := d(f, \Omega, y_o)$, wobei y_o ein beliebiger Punkt aus $K_\alpha(y) \setminus f(N_f)$ ist, mit $\alpha = \rho(y, f(\partial\Omega))$.

Für $f \in \overline{C}^2(\Omega)$ und $y \notin f(\partial\Omega)$ haben wir jetzt $d(f, \Omega, y^*) = d(f, \Omega, y)$ für alle $y^* \in K_\alpha(y)$, also insbesondere die Stetigkeit von $d(f, \Omega, \cdot)$ in $R^n \setminus f(\partial\Omega)$. Nun untersuchen wir $d(\cdot, \Omega, y)$.

<u>Hilfssatz 2</u>. Es sei $f \in \overline{C}^2(\Omega)$ und $y \notin f(\partial\Omega)$. Dann gibt es zu $g \in \overline{C}^2(\Omega)$ ein $\delta = \delta(f, y, g) > 0$, so daß $d(f + tg, \Omega, y) = d(f, \Omega, y)$ für alle $t \in R^1$ mit $|t| < \delta$ gilt.

<u>Beweis</u>. 1. Ist $f^{-1}(y) = \emptyset$, so haben wir $\beta := \rho(y, f(\overline{\Omega})) > 0$, also auch $\rho(y, f_t(\overline{\Omega})) \geq \beta/2$ für $f_t = f + tg$ und $|t| \leq \beta/(2|g|_o)$, mit $|g|_o = \max_{\overline{\Omega}} |g(x)|$; damit ist $d(f_t, \Omega, y) = d(f, \Omega, y) = 0$ für diese t .
2. Es sei $f^{-1}(y) = \{x^1, \ldots, x^m\}$ und $J_f(x^i) \neq 0$ für $i = 1, \ldots, m$. Wir betrachten $F: R^1 \times \Omega \to R^n$, definiert durch $F(t, x) = f(x) + tg(x) - y$, und wenden den Satz 3.2 über implizite Funktionen an: Offensichtlich ist F stetig und stetig differenzierbar nach x , $F(0, x^i) = 0$ und $F_x(0, x^i) = f'(x^i)$

ein Homeomorphismus. Es existieren also $r_i > 0$, $\rho_i > 0$ und genau eine Funktion $\phi_i \colon (-r_i, r_i) \to K_{\rho_i}(x^i) \subset \Omega$ mit $\phi_i(0) = x^i$ und $F(t, \phi_i(t)) = 0$, d.h. $f_t(\phi_i(t)) = y$ in $(-r_i, r_i)$. Wir können o.B.d.A. annehmen, daß die $\overline{K_{\rho_i}}(x^i)$ paarweise disjunkt sind und sgn $J_f(x)$ auf $\overline{K_{\rho_i}}(x^i)$ konstant ist. Für $|t| < r := \min\limits_{i} r_i$ und $V = \bigcup\limits_{i=1}^{m} K_{\rho_i}(x^i)$ ist also $f_t^{-1}(y) \cap V = \{\phi_1(t), \dots, \phi_m(t)\}$. Wegen $f(x) \neq y$ auf $\overline{\Omega} \setminus V$ haben wir dort $|f(x)-y| \geq \beta$ für ein $\beta > 0$. Für $|t| < \delta_o := \min\{r, \beta|g_o|^{-1}\}$ ist daher $f_t^{-1}(y) = \{\phi_1(t), \dots, \phi_m(t)\}$. Da $J_{f_t}(x)$ in (t,x) stetig ist, existiert nun ein $\delta \leq \delta_o$, so daß $|J_{f_t}(x) - J_f(x)| < \min\{|J_f(x)| : x \in \overline{V}\}$ für $|t| < \delta$ und $x \in \overline{V}$ gilt. Für diese t ist also auch sgn $J_{f_t}(\phi_i(t)) = $ sgn $J_f(\phi_i(t)) = $ sgn $J_f(x^i)$, folglich $d(f_t, \Omega, y) = d(f, \Omega, y)$ nach Def. 1 .

3. Ist schließlich $f^{-1}(y) \neq \emptyset$, $y \in f(N_f)$ und $\alpha = \rho(y, f(\partial\Omega))$, so wählen wir ein $y^* \in K_{\alpha/3}(y) \setminus f(N_f)$ und haben $d(f, \Omega, y^*) = d(f, \Omega, y)$. Nach dem 2.Schritt existiert ein $\delta^* > 0$ mit $d(f_t, \Omega, y^*) = d(f, \Omega, y^*)$ für $|t| < \delta^*$. Wir setzen $\delta = \min\{\delta^*, |g|_o^{-1}\alpha/3\}$ und erhalten $|y^* - f_t(x)| \geq \alpha/3$ für $x \in \partial\Omega$ und $|t| < \delta$. Für diese t ist somit $|y - y^*| < \rho(y^*, f_t(\partial\Omega))$, folglich $d(f_t, \Omega, y) = d(f_t, \Omega, y^*) = d(f, \Omega, y^*) = d(f, \Omega, y)$.

q.e.d.

<u>Bemerkung</u>. Für $f \in \overline{C}^1(\Omega)$ und $y \notin f(\partial\Omega)$ hat E. Heinz [28] den Abbildungsgrad durch das Integral $\int\limits_{\Omega} \phi(|f(x)-y|)J_f(x)dx$ definiert, wobei $\phi \colon R_+^1 \to R^1$ stetig, supp $\phi \subset [\varepsilon_o, \varepsilon_1]$ für ein $\varepsilon_o > 0$ und ein $\varepsilon_1 < \rho(y, f(\partial\Omega))$ und $\int\limits_{R^n} \phi(|x|)dx = 1$ ist ; man kann nämlich zeigen, daß das Integral nicht von einem ϕ mit diesen Eigenschaften abhängt (vgl. Aufg.4,5).

§ 8. DER ABBILDUNGSGRAD FÜR STETIGE ABBILDUNGEN

Der Hilfssatz 7.2 ermöglicht uns die Definition des Abbildungsgrads für stetige Abbildungen in ähnlicher Weise, wie wir Def. 7.2 aus Def. 7.1 abgeleitet haben.

I. Definition des Abbildungsgrades

Es sei $f \in C(\overline{\Omega})$, $y \notin f(\partial\Omega)$ und $\alpha = \rho(y, f(\partial\Omega))$. Für zwei Funktionen g_1 , $g_2 \in \overline{C}^2(\Omega)$ mit $|g_i - f|_o < \alpha$ ist dann $\rho(y, g_i(\partial\Omega)) > 0$ $(i=1,2)$. Wir betrachten $h(t,x) = g_1(x) + t(g_2(x) - g_1(x))$ für $(t,x) \in [0,1] \times \overline{\Omega}$. Offensichtlich ist $h(t,\cdot) \in \overline{C}^2(\Omega)$ und $|h(t,\cdot)-f|_o < \alpha$, folglich $y \notin h(t,\partial\Omega)$ für jedes $t \in [0,1]$, d.h. $\phi(t) = d(h(t,\cdot),\Omega,y)$ ist auf $[0,1]$ definiert. Wir fixieren ein $t_o \in [0,1]$ und haben $h(t,\cdot) = h(t_o,\cdot)+(t-t_o)(g_2-g_1)$. Nach Hilfssatz 7.2 existiert also ein $\delta > 0$, so daß $\phi(t) = \phi(t_o)$ für alle $t \in [0,1]$ mit $|t-t_o| < \delta$ gilt, d.h. $\phi: [0,1] \to Z$ ist stetig. Damit ist $\phi([0,1])$ zusammenhängend in Z , besteht also nur aus einem Punkt, d.h. insbesondere: $d(g_1,\Omega,y) = \phi(0) = \phi(1) = d(g_2,\Omega,y)$. Daher ist die folgende Definition sinnvoll.

<u>Definition 1</u>. Es sei $f \in C(\overline{\Omega})$, $y \notin f(\partial\Omega)$ und $\alpha = \rho(y,f(\partial\Omega))$. Dann setzen wir $d(f,\Omega,y) := d(g,\Omega,y)$, wobei $g \in \overline{C}^2(\Omega) \cap K_\alpha(f)$ und $d(g,\Omega,y)$ gemäß Definition 7.2 erklärt ist.

II. Eigenschaften des Abbildungsgrades

In dem folgenden Satz versammeln wir einige Eigenschaften von $d(\cdot,\cdot,\cdot)$; die nächsten Paragraphen enthalten weitere. Sie werden durch Reduktion auf die in Definition 7.1 gegebene Situation nachgewiesen, sofern sie nicht leicht aus anderen Eigenschaften folgen.

<u>Satz 1</u>. Der gemäß Definition 1 auf den Tripeln (f,Ω,y) - mit $\Omega \subset R^n$ offen und beschränkt, $f \in C(\overline{\Omega})$ und $y \notin f(\partial\Omega)$ - erklärte ganzzahlige Abbildungsgrad d hat folgende Eigenschaften.

(1) Bezeichnet I die Identität auf R^n, so ist $d(I,\Omega,y) = 1$ für $y \in \Omega$ und $d(I,\Omega,y) = 0$ für $y \notin \overline{\Omega}$.

(2) Aus $d(f,\Omega,y) \neq 0$ folgt $f^{-1}(y) \neq \emptyset$.

(3) Ist $h: [0,1] \times \overline{\Omega} \to R^n$ stetig und $y \notin h(t,\partial\Omega)$ für alle $t \in [0,1]$, so ist $d(h(t,\cdot),\Omega,y)$ auf $[0,1]$ konstant.

(4) $d(\cdot,\Omega,y)$ ist konstant auf $K_r(f) \subset C(\overline{\Omega})$ mit $r = \rho(y,f(\partial\Omega))$.

(5) $d(f,\Omega,\cdot)$ ist konstant auf $K_r(y)$ mit $r = \rho(y,f(\partial\Omega))$ und sogar auf jeder Komponente von $R^n \setminus f(\partial\Omega)$.

(6) Ist $\Omega \supset \bigcup\limits_{i=1}^{m} \Omega_i$, $\overline{\Omega} = \bigcup\limits_{i=1}^{m} \overline{\Omega}_i, \Omega_i$ offen, $\Omega_i \cap \Omega_j = \emptyset$ für $i \neq j$ und $y \notin \bigcup\limits_{i=1}^{m} f(\partial\Omega_i)$,

$\qquad$ dann ist $d(f,\Omega,y) = \sum\limits_{i=1}^{m} d(f,\Omega_i,y)$.

(7) Für $g \in C(\overline{\Omega})$ mit $g|_{\partial\Omega} = f|_{\partial\Omega}$ ist $d(g,\Omega,y) = d(f,\Omega,y)$.

(8) Ist $\Omega^* \subsetneqq \overline{\Omega}$ abgeschlossen und $y \notin f(\Omega^*)$, so ist $d(f,\Omega,y)=d(f,\Omega \setminus \Omega^*,y)$.

(9) Es ist $d(f,\Omega,y) = d(f(\cdot)-y,\Omega,0)$, und für $y \notin f(\overline{\Omega})$ ist $d(f,\Omega,y) = 0$.

<u>Beweis</u>. (1) folgt sofort aus Def.7.1 .

(2) Es sei $\alpha = \rho(y,f(\partial\Omega))$ und $(f_n) \subset \overline{C}^2(\Omega)$ eine Folge mit $|f_n-f|_o < \alpha/n$. Nach Def.1 ist $d(f_n,\Omega,y) \neq 0$ und nach Def.7.2 existiert ein $y_n \notin f_n(N_{f_n})$ mit $|y_n-y| < 1/n$ und $d(f_n,\Omega,y_n) = d(f_n,\Omega,y) \neq \emptyset$. Nach Def.7.1 existiert also ein $x_n \in \Omega$ mit $f_n(x_n) = y_n$. Da $\overline{\Omega}$ kompakt ist, konvergiert (x_n) (o.B.d.A.) gegen ein $x \in \overline{\Omega}$. Damit folgt $f(x) = y$ aus

$$|f(x)-y| \leq |f(x)-f(x_n)|+|f-f_n|_o+|y_n-y| \to 0 \quad \text{für} \quad n \to \infty .$$

(4) Zu $g \in C(\overline{\Omega})$ mit $|g-f|_o < r$ existiert ein $g_1 \in \overline{C}^2(\Omega)$ mit $|g_1 - g|_o < \min\{\rho(y,g(\partial\Omega)),r-|g-f|_o\}$; wegen $|g_1-g|_o < \rho(y,g(\partial\Omega))$ haben wir $d(g_1,\Omega,y) = d(g,\Omega,y)$, und aus $|g_1-g|_o < r-|g-f|_o$ folgt $|g_1-f|_o < r$, also auch $d(g_1,\Omega,y) = d(f,\Omega,y)$ nach Def.1 . Damit ist $d(\cdot,\Omega,y)$ konstant in $K_r(f)$.

(3) Aufgrund der gleichmäßigen Stetigkeit von h auf $[0,1]\times\overline{\Omega}$ und (4) ist $\phi(t) := d(h(t,\cdot),\Omega,y)$ stetig, folglich ϕ konstant auf $[0,1]$.

(6) Es genügt, die Behauptung für $m = 2$ zu beweisen; der Rest ist vollständige Induktion. Da $\partial\Omega \subset \partial\Omega_1 \cup \partial\Omega_2$ gilt, sind die auftretenden Grade erklärt. Es sei $\alpha = \rho(y,f(\partial\Omega_1 \cup \partial\Omega_2))$, $g \in \overline{C}^2(\Omega)$ mit $|g-f|_o < \alpha$ und $y^* \notin g(N_g)$ mit $|y^*-y| < \min\{\rho(y,g(\partial\Omega_i)):i=1,2\}$. Da $\alpha \leq \rho(y,f(\partial\Omega))$ ist, haben wir

$$d(f,\Omega,y) \underset{\text{Def.1}}{=} d(g,\Omega,y) \underset{\text{Def.7.2}}{=} d(g,\Omega,y^*) \underset{\text{Def.7.1}}{=} \sum_{i=1}^{2} d(g,\Omega_i,y^*)$$

$$= \underset{\text{Def.7.2}}{} \sum_{i=1}^{2} d(g,\Omega_i,y) \underset{\text{Def.1}}{=} \sum_{i=1}^{2} d(f,\Omega_i,y) .$$

(7) folgt aus (3) mit $h(t,x) = tf(x)+(1-t)g(x)$, da $h(t,x) = f(x) \neq y$ auf $[0,1]\times\partial\Omega$ gilt.

(8) Es sei $\alpha = \rho(y,f(\Omega^* \cup \partial\Omega))$, $g \in \overline{C}^2(\Omega)$ mit $|g-f|_o < \alpha/2$, $y^* \notin g(N_g(\Omega))$ und $|y^*-y| < \alpha/2$. Damit haben wir $\alpha \leq \rho(y,f(\partial\Omega))$, folglich $\rho(y,g(\partial\Omega)) \geq \alpha/2 > |y^*-y|$, also auch $d(f,\Omega,y) = d(g,\Omega,y) = d(g,\Omega,y^*)$. Aus $\partial(\Omega \setminus \Omega^*) \subset \partial\Omega \cup \Omega^*$, d.h. $\rho(y,f(\partial(\Omega \setminus \Omega^*))) \geq \alpha$ und $\rho(y,g(\partial(\Omega \setminus \Omega^*))) \geq \alpha/2$, folgt außerdem $d(g,\Omega \setminus \Omega^*,y^*) = d(g,\Omega \setminus \Omega^*,y) = d(f,\Omega \setminus \Omega^*,y)$. Es ist $\rho(y^*,g(\Omega^*)) \geq \rho(y,f(\Omega^*))-|f-g|_o-|y-y^*| > 0$, d.h. $y^* \notin g(\Omega^*)$ und damit $d(g,\Omega,y^*) = d(g,\Omega \setminus \Omega^*,y^*)$ nach Def.7.1 , also insgesamt $d(f,\Omega,y) = d(f,\Omega \setminus \Omega^*,y)$.

(9) Es sei $y \notin f(\overline{\Omega})$ und $g \in \overline{C}^2(\Omega)$ mit $|g-f|_o < \rho(y,f(\overline{\Omega}))$. Dann ist $d(f,\Omega,y) = d(g,\Omega,y)$ und $y \notin g(\overline{\Omega})$, folglich $d(g,\Omega,y) = 0$ nach Def.7.2 und 7.1 .

Es sei $\alpha = \rho(y,f(\partial\Omega))$, $g \in \overline{C}^2(\Omega)$ mit $|g-f|_o < \alpha/2$ und $y^* \notin g(N_g)$ mit $|y-y^*| < \alpha/2$. Dann ist

$$d(f,\Omega,y) \;=\; \underset{\text{Def.1}}{d(g,\Omega,y)} \;=\; \underset{\text{Def.7.2}}{d(g,\Omega,y^*)} \;=\; \underset{\text{Def.7.1}}{d(g(\cdot)-y^*,\Omega,0)} \;,$$

und aus

$$|f(\cdot)-y-(g(\cdot)-y^*)|_o \;\leq\; |f-g|_o+|y-y^*| \;<\; \alpha \;=\; \rho(0,f(\partial\Omega)-y)$$

folgt $d(g(\cdot)-y^*,\Omega,0) = d(f(\cdot)-y,\Omega,0)$.

(5) Für $y^* \in R^n \setminus f(\partial\Omega)$ mit $|y^*-y| < r = \rho(y,f(\partial\Omega))$ ist

$$d(f,\Omega,y) \;=\; \underset{(9)}{d(f(\cdot)-y,\Omega,0)} \;=\; \underset{(4)}{d(f(\cdot)-y^*,\Omega,0)} \;=\; \underset{(9)}{d(f,\Omega,y^*)} \;,$$

d.h. $d(f,\Omega,\cdot)$ ist konstant auf $K_r(y)$. Liegen y und y^* in derselben Komponente K von $R^n \setminus f(\partial\Omega)$, so existiert eine stetige Funktion $\phi\colon [0,1] \to K$ mit $\phi(0) = y$ und $\phi(1) = y^*$; zu $\phi(t_o)$ existiert also ein $\delta > 0$ mit $|\phi(t)-\phi(t_o)| < \rho(\phi(t_o),f(\partial\Omega))$ für alle $t \in [0,1]$ mit $|t-t_o|\leq\delta$; d.h. $\psi(t) := d(f,\Omega,\phi(t)) = \psi(t_o)$ für diese t . Somit ist $\psi(t)$ auf $[0,1]$ stetig, folglich konstant, also insbesondere $d(f,\Omega,y) = d(f,\Omega,y^*)$.

q.e.d.

III. Bemerkungen

1. Die Eigenschaft (4) aus Satz 1 bedeutet die Stetigkeit von $d(\cdot,\Omega,y)$ und (5) die Stetigkeit von $d(f,\Omega,\cdot)$; (7) besagt, daß es nur auf die Randwerte von f ankommt, und nach (8) spielt eine abgeschlossene Teilmenge Ω^* mit $y \notin f(\Omega^*)$ keine Rolle; deshalb nennt man (8) auch die Ausschneidungseigenschaft des Abbildungsgrades. Sind $A,B \subset R^n$ und $f,g\colon A \to B$ stetig, so nennt man f und g <u>homotop</u> in B , wenn eine stetige Abbildung $h\colon [0,1]\times A \to B$ mit $h(0,\cdot) = f$ und $h(1,\cdot) = g$ existiert; h heißt dann (eine f und g verbindende) <u>Homotopie</u>. Satz 1(3) besagt also insbesondere, daß $d(f,\Omega,y) = d(g,\Omega,y)$ ist, wenn f und g zueinander homotop in $R^n \setminus \{y\}$ sind. Deshalb spricht man auch von der Homotopieinvarianz des Abbildungsgrades. Mit Satz 1 haben wir also schon mehr als unsere Mindestanforderungen aus der Einleitung dieses Kapitels erreicht.

2. Das folgende Beispiel zeigt, daß (3) i.a. nicht gilt, wenn h nur separat stetig ist.
   Es sei $\Omega = K_1(0) = \{z \in R^2 = \mathbb{C}\colon |z| < 1\}$, $S = \partial K_1(0)$, $y = 0$ und

$$h(t,z) = \begin{cases} |z| & \text{für } t=0 \text{ , } z \in \overline{\Omega} \\ |z|\exp(i\phi t^{-1}) & \text{für } 0 < t \leq 1 \text{ , } z = |z|e^{i\phi} \text{ mit } 0 \leq \phi \leq 2\pi t \\ |z| & \text{für } 0 < t \leq 1 \text{ , } z = |z|e^{i\phi} \text{ mit } 2\pi t < \phi \leq 2\pi. \end{cases}$$

Man prüft leicht nach, daß $h(t,\cdot)$ für jedes $t \in [0,1]$ auf $\overline{\Omega}$ und $h(\cdot,z)$ für jedes $z \in \overline{\Omega}$ auf $[0,1]$ stetig ist. Es ist $h(1,z) = z$ für alle $z \in \overline{\Omega}$, folglich $d(h(1,\cdot),\Omega,0) = 1$. Andererseits ist durch

$\tilde{h}(s,z) = s(|z|,0)+(1-s)(1,0)$ eine $h(0,\cdot)$ und $f\equiv(1,0)$ verbindende Homotopie mit $0=(0,0)\notin \tilde{h}(s,\partial\Omega) = \{(1,0)\}$ gegeben. Folglich haben wir $d(h(0,\cdot),\Omega,0) = d(f,\Omega,0) = 0$, da $f(z) \neq 0$ auf $\overline{\Omega}$ gilt.

4. Da man den Raum $\mathbb{C}^n$ mit R^{2n} identifizieren kann, ist $d(f,\Omega,y)$ gemäß Def.1 (mit 2n anstelle von n) auch für offene beschränkte $\Omega \subset \mathbb{C}^n$, stetige $f: \overline{\Omega} \to \mathbb{C}^n$ und $y \notin f(\partial\Omega)$ erklärt.

5. In der [32] folgenden Literatur wird anstelle des Abbildungsgrads meist die "Rotation eines Vektorfeldes" verwendet. Unter der Rotation des "Feldes" $f \in C(\partial\Omega)$ mit $0 \notin f(\partial\Omega)$ versteht man $d(\tilde{f},\Omega,0)$, wobei $\tilde{f}$ eine stetige Fortsetzung auf $\overline{\Omega}$ von $g(x) = |f(x)|^{-1}f(x)$ ist.

IV. Die Reduktionseigenschaft

Wir stellen nun einen Zusammenhang zwischen den Abbildungsgraden in R^n und R^m her; dabei wird R^m für $m < n$ mit dem Unterraum

$$\{x \in R^n : x_{m+1} = \ldots = x_n = 0\}$$

identifiziert.

<u>Satz 2.</u> Es sei $\Omega \subset R^n$ offen und beschränkt, $\Omega \cap R^m \neq \emptyset$ für ein $m < n$, $f: \overline{\Omega} \to R^m$ stetig, $g = I-f$, $y \in R^m$ und $y \notin g(\partial\Omega)$. Dann ist

$$d(g,\Omega,y) = d(g|_{\overline{\Omega}\cap R^m},\Omega \cap R^m,y) \quad .$$

<u>Beweis.</u> Es ist $\Omega_m = \Omega \cap R^m \neq \emptyset$ offen und beschränkt in R^m und $\partial\Omega_m = \partial\Omega\cap R^m$. Für $g_m := g|_{\overline{\Omega}_m}$ ist $g_m(\overline{\Omega}_m) \subset R^m$ und $y \notin g_m(\partial\Omega_m)$, d.h. $d(g_m,\Omega_m,y)$ ist definiert (als Abbildungsgrad in R^m) .

1. Es sei $g \in \overline{C}^2(\Omega)$ und $y \notin g(N_g)$. Aus $x \in \Omega$ und $g(x) = y$ folgt $x = y+f(x) \in R^m$, d.h. $x \in \Omega_m$, und somit $g^{-1}(y) = g_m^{-1}(y)$. Wegen Def.7.1 genügt es also, $J_{g_m}(x) = J_g(x)$ für $x \in \Omega_m$ zu zeigen. Bezeichnet E_k die k×k-Einheitsmatrix und (0) die (n-m)×m-Nullmatrix, so haben wir

$$J_{g_m}(x) = \det(E_m-f'(x)) \quad \text{und} \quad J_g(x) = \det\left(\begin{array}{c|c} E_m-(\partial_j f_i(x)) & -(\partial_j f_i(x)) \\ \hline (0) & E_{n-m} \end{array}\right) \quad .$$

Entwickelt man $J_g(x)$ nach den letzten n-m Zeilen, so ergibt sich $J_g(x) = J_{g_m}(x)$.

2. Nun sei $g \in \overline{C}^2(\Omega)$ und $y \in g(N_g)$. Dann existiert ein $x \in \Omega$ mit $g(x)=y$ und $J_g(x) = 0$, d.h. $x \in \Omega_m$ und $J_{g_m}(x) = 0$ (nach dem 1. Schritt) , also auch $y \in g_m(N_{g_m})$. Nach Satz 6.1 (mit m anstelle von n) existiert ein $y^* \notin g_m(N_{g_m})$ hinreichend nahe bei y , mit $d(g_m,\Omega_m,y^*) = d(g_m,\Omega_m,y)$; es

ist auch $y^* \notin g(N_g)$ und $d(g,\Omega,y) = d(g,\Omega,y^*)$. Schließlich ist $d(g_m,\Omega_m,y^*) = d(g,\Omega,y^*)$ nach dem 1. Schritt. Ist jedoch $g \in C(\overline{\Omega})$, so folgt die Behauptung aus Def.1 und dem eben Bewiesenen.

q.e.d.

<u>Bemerkung</u>. Am 1.Beweisschritt erkennt man leicht, daß Satz 2 richtig bleibt, wenn man R^m mit irgendeinem der Unterräume $\{x \in R^n : x_{i_1} = \ldots x_{i_{n-m}} = 0\}$ identifiziert.

§ 9. DER FIXPUNKTSATZ VON BROUWER

In diesem Paragraphen ziehen wir die ersten wichtigen Folgerungen aus Satz 8.1 . Wir beginnen mit dem Fixpunktsatz von Brouwer, der bei zahlreichen Problemen die Existenz einer Lösung liefert.

<u>Satz 1 (Brouwer)</u>. Es sei $K \subset R^n$ kompakt und konvex, $f \in C(K)$ und $f(K) \subset K$. Dann hat f mindestens einen Fixpunkt. Die Behauptung gilt auch, wenn K nur zu einer kompakten und konvexen Menge homeomorph ist.

<u>Beweis</u>. 1. Es sei $K = \overline{K}_r(0)$. Existiert ein $x \in \partial K$ mit $x = f(x)$, so sind wir fertig. Andernfalls ist $x - f(x) \neq 0$ auf ∂K . Damit ist $h: [0,1] \times \overline{\Omega} \to R^n$, definiert durch $h(t,x) = x - tf(x)$, stetig und $0 \notin h(1,\partial K)$, und für $(t,x) \in [0,1) \times \partial K$ haben wir $|x - tf(x)| \geq |x| - t|f(x)| \geq (1-t)r > 0$. Nach Satz 8.1 ist also $d(I-f,K_r(0),0) = d(I,K_r(0),0) = 1$, und damit $x - f(x) = 0$ für ein $x \in K_r(0)$.
2. Nun sei K kompakt und konvex. Wir wählen $K_r(0) \supset K$ und eine stetige Fortsetzung $\tilde{f}$ von f auf $\overline{K}_r(0)$ mit $\tilde{f}(\overline{K}_r(0)) \subset \text{konv}(f(K)) \subset K \subset K_r(0)$, gemäß Korollar 5.1 . Nach dem 1.Schritt existiert also ein $x \in \overline{K}_r(0)$ mit $x = \tilde{f}(x)$. Da $\tilde{f}(x) \in K$ ist, haben wir $x \in K$ und $x = f(x)$.
3. Es sei K^* kompakt und konvex und h ein Homeomorphismus von K auf K^*. Nach dem 2.Schritt hat $h \circ f \circ h^{-1}$ einen Fixpunkt $x \in K^*$. Damit ist $h^{-1}(x) \in K$ ein Fixpunkt von f.

q.e.d.

Einen analytischen Beweis dieses Fixpunktsatzes, ohne Verwendung des Abbildungsgrads, findet man in [18] . Im Fall $n = 1$ "entartet" Satz 1 offensichtlich zu dem bekannten Zwischenwertsatz (angewandt auf $x - f(x)$). Einfache Beispiele zeigen, daß keine der Voraussetzungen beseitigt werden kann; z.B. bildet die Drehung um $\pi/2$ den kompakten Kreisring $K = \{x \in R^2 : 1 \leq |x| \leq 2\}$ stetig in sich ab, hat jedoch keinen Fixpunkt in K. Im Gegensatz zum Fixpunktsatz von Banach enthält Satz 1 keine Eindeutigkeitsaussage; dafür ist sein Anwendungsbereich wesentlich größer. Weitere Fixpunktsätze befinden sich in den Übungen und in Kap.4 .

Aus Satz 1 folgt beispielsweise leicht der folgende Satz von Frobenius und Perron über die Existenz positiver Eigenwerte und Eigenvektoren gewisser Matrizen.

__Korollar 1__. Es sei $A = (\alpha_{ij})$ eine n×n-Matrix mit $\alpha_{ij} \geq 0$ für alle i,j . Dann existieren ein $\lambda \geq 0$ und ein $x \neq 0$ mit $x \geq 0$, so daß $Ax = \lambda x$ ist.

__Beweis__. Die Menge $K = \{x \in R^n : x \geq 0 \text{ und } \sum_{i=1}^{n} x_i = 1\}$ ist kompakt und konvex. Ist $Ax = 0$ für ein $x \in K$, so haben wir $Ax = \lambda x$ mit $\lambda = 0$. Sei also $Ax \neq 0$ auf K . Dann existiert ein $\alpha > 0$ mit $\sum_{i=1}^{n} (Ax)_i \geq \alpha$ auf K ; folglich ist $f: x \to Ax/\sum_{1}^{n}(Ax)_i$ auf K stetig, $f(x) \geq 0$ und $\sum_{1}^{n} f_i(x) = 1$, d.h. $f(K) \subset K$. Nach Satz 1 existiert ein $x \in K$ mit $x = f(x)$, d.h. $Ax = \lambda x$ mit $\lambda = \sum_{1}^{n} (Ax)_i > 0$.

q.e.d.

Als zweite Anwendung von Satz 8.1 beweisen wir ein Kriterium für die Surjektivität stetiger Abbildungen des R^n in sich.

__Satz 2__. Es sei $f \in C(R^n)$, und es gelte $<f(x),x>/|x| \to \infty$ für $|x| \to \infty$. Dann ist f eine Abbildung von R^n auf R^n .

__Beweis__. Für $y \in R^n$ ist $f^{-1}(y) \neq \emptyset$ zu zeigen. Da die Beziehung
$$|x|^{-1}<f(x)-y,x> \geq |x|^{-1}<f(x),x>-|y| \to \infty \quad \text{für } |x| \to \infty$$
aus der Voraussetzung und aus der CSU folgt, können wir $r > 0$ so wählen, daß $|y| \leq r-1$ und $|x|^{-1}<f(x),x>-|y| \geq 1$, d.h. $<f(x),x> \geq r(1+|y|)$ auf $\partial K_r(0)$ gilt. Wir setzen $h(t,x) = tx+(1-t)f(x)$ für $(t,x) \in [0,1] \times \overline{K}_r(0)$. Aus der Annahme $y = h(t,x)$ für ein $(t,x) \in [0,1] \times \partial K_r(0)$ folgt der Widerspruch $|y|r \geq <y,x> \geq tr^2+(1-t)r(1+|y|) \geq tr^2+r+r|y|-tr^2 > |y|r$. Nach Satz 8.1 ist daher $d(f,K_r(0),y) = d(I,K_r(0),y) = 1$, d.h. $f^{-1}(y) \neq \emptyset$.

q.e.d.

Über die Existenz von Eigenvektoren nicht notwendig linearer Abbildungen haben wir den

__Satz 3 ("Igelsatz")__. Es sei $\Omega \subset R^n$ offen und beschränkt mit $0 \in \Omega$, n ungerade und $f: \partial\Omega \to R^n \setminus \{0\}$ stetig. Dann existiert ein $x \in \partial\Omega$ und ein $\lambda \neq 0$ mit $f(x) = \lambda x$.

Beweis. Nach Korollar 5.1 können wir o.B.d.A. $f \in C(\overline{\Omega})$ annehmen. Da $J_{-I}(x) = (-1)^n J_I(x) = (-1)^n = -1$ ist, haben wir $d(-I,\Omega,0) = -1$. Ist $d(f,\Omega,0) \neq -1$, so kann $h(t,x) = (1-t)f(x)-tx$ nicht (3) aus Satz 8.1 genügen (mit $y = 0$). Daher existieren ein $t \in (0,1)$ und ein $x \in \partial\Omega$ mit $h(t,x) = 0$ d.h. $f(x) = t(1-t)^{-1}x$. Ist jedoch $d(f,\Omega,0) = -1$, so schließt man entsprechend mit $h(t,x) = (1-t)f(x)+tx$.

q.e.d.

Da die Raumdimension im Igelsatz ungerade ist, gilt er nicht im $\mathbb{C}^n$ (reelle dim $\mathbb{C}^n = 2n$); die Drehung um $\pi/2$ des Einheitskreises in $\mathbb{C} = R^2$, d.h. $f(x_1,x_2) = (-x_2,x_1)$, ist ein einfaches Gegenbeispiel. Im Fall $\partial\Omega = \partial K_1(0)$ besagt der Satz, daß es mindestens eine Flächennormale gibt, die unter f höchstens die Orientierung ändert; oder anders ausgedrückt: auf $S = \partial K_1(0)$ gibt es kein stetiges nichtverschwindendes Tangentenvektorfeld (d.h. $f: S \to R^n$ mit $f(x) \neq 0$ und $\langle f(x),x\rangle = 0$ auf S.[*]) Ist jedoch $n = 2m$, so gilt für $f(x) = (x_2,-x_1,\dots,x_{2m},-x_{2m-1})$ offensichtlich $f(x) \neq 0$ und $\langle f(x),x\rangle = 0$ auf S .

Die bisherigen Beispiele zu Satz 8.1 machen deutlich, daß die Homotopieinvarianz des Abbildungsgrades das wichtigste Hilfsmittel für seine Berechnung ist. Auf ihr beruht auch die folgende nützliche Verallgemeinerung des Satzes von Rouché.

Satz 4. Es sei $\Omega \subset R^n$ offen und beschränkt, $f \in C(\overline{\Omega})$, $g \in C(\overline{\Omega})$ und $|g(x)| < |f(x)|$ auf $\partial\Omega$. Dann ist $d(f+g,\Omega,0) = d(f,\Omega,0)$.

Beweis. $h(t,x) = f(x)+tg(x)$ genügt (3) aus Satz 8.1 ; für $x \in \partial\Omega$ ist $|h(t,x)| \geq |f(x)|-|g(x)| > 0$.

q.e.d.

Beispiel. Das Gleichungssystem $2x+y+\sin(x+y) = 0$, $x-2y+\cos(x+y) = 0$ (mit $(x,y) \in R^2$) hat in $K_r(0,0)$ mit $r > 1/\sqrt{5}$ mindestens eine Lösung. Setzt man nämlich $f(x,y) = (2x+y,x-2y)$ und $g(x,y) = (\sin(x+y),\cos(x+y))$, so ist $|f(x,y)| = \sqrt{5}|(x,y)|$ und $|g(x,y)| = 1$.

---

[*]Einen Igel kann man also nicht "stetig kämmen".

§ 10. DER SATZ VON BORSUK

Wir zeigen nun, daß der Abbildungsgrad ungerader Funktionen ungerade ist. Eine Abbildung f einer symmetrischen Menge $\Omega \subset R^n$ heißt ungerade (bzw. gerade) , wenn $f(-x) = -f(x)$ (bzw. $f(-x) = f(x)$) für alle $x \in \Omega$ gilt. Da man den Punkt $-x$ auch den "Antipoden" von x nennt, wird der folgende Satz von Borsuk auch als Antipodensatz bezeichnet.

<u>Satz 1.</u> Es sei $\Omega \subset R^n$ offen, beschränkt und symmetrisch ($\Omega = -\Omega$) mit $0 \in \Omega$, $f \in C(\overline{\Omega})$, $0 \notin f(\partial\Omega)$ und

$$(*) \qquad \frac{f(x)}{|f(x)|} \neq \frac{f(-x)}{|f(-x)|} \quad \text{für alle } x \in \partial\Omega \ .$$

Dann ist $d(f,\Omega,0)$ ungerade. Die Bedingung $(*)$ ist insbesondere erfüllt, wenn f ungerade ist.

<u>Beweis.</u> 1. Wir können o.B.d.A. annehmen, daß f ungerade ist. Genügt nämlich f der Voraussetzung $(*)$, so ist $h(t,x) := f(x) - tf(-x)$ stetig auf $[0,1] \times \overline{\Omega}$ und $0 \notin h(t,\partial\Omega)$ für jedes $t \in [0,1]$, folglich $d(f,\Omega,0) = d(h(1,\cdot),\Omega,0)$ und $h(1,x) = f(x) - f(-x)$ ungerade.

2. Es sei f ungerade auf $\overline{\Omega}$. Da $0 \in \Omega$ ist, haben wir $\overline{K}_r(0) \subset \Omega$ für ein $r > 0$. Wir setzen $g^*:\overline{K}_r(0) \cup \partial\Omega \to R^n$, definiert durch $g^*(x)=x$ auf $\overline{K}_r(0)$ und $g^*(x)=f(x)$ für $x \in \partial\Omega$, stetig auf $\overline{\Omega}$ fort zu $\widetilde{g}$ (Korollar 5.1) und definieren $g: \overline{\Omega} \to R^n$ durch $\frac{1}{2}((\widetilde{g}(x)-\widetilde{g}(-x)))$. Es ist g ungerade, $g|_{\overline{K}_r(0)} = I$ und $g|_{\partial\Omega} = f|_{\partial\Omega}$. Nach Satz 8.1 haben wir also

$$d(f,\Omega,0) \underset{(7)}{=} d(g,\Omega,0) \underset{(6)}{=} d(g,K_r(0),0)+d(g,\Omega\setminus\overline{K}_r(0),0) \underset{(1)}{=} 1+d(g,\Omega\setminus\overline{K}_r(0),0).$$

3. Mit $\Omega_o = \Omega\setminus\overline{K}_r(0)$ ist also nur noch zu zeigen, daß $d(g,\Omega_o,0)$ gerade ist; dabei können wir o.B.d.A. $g \in \overline{C}^2(\Omega)$ annehmen. Da g ungerade ist,

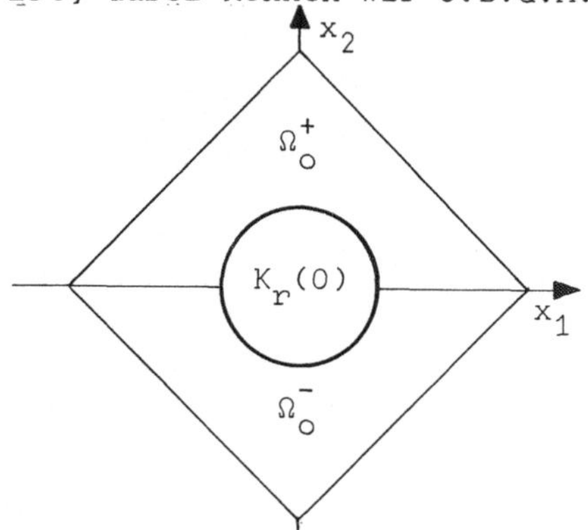

sind die $\partial_j g_i$ - und damit auch $J_g(x)$ - gerade. Es sei zunächst $0 \notin g(N_g)$. Da $(g(x)=0 \iff g(-x)=0)$ und $\operatorname{sgn} J_g(x) = \operatorname{sgn} J_g(-x)$ gilt, ist es nach Def. 7.1 naheliegend, Ω_o z.B. in $\Omega_o^{(\pm)}=\{x \in \Omega_o : x_n \underset{(<)}{>} 0\}$ und $\Omega_1 = \{x \in \Omega_o : x_n = 0\} = \Omega_o \cap R^{n-1}$ zu zerlegen; ist nämlich außerdem $0 \notin g(\Omega_1)$, so haben wir dann

$$d(g,\Omega_o,0) = 2 \sum_{x \in g^{-1}(0) \cap \Omega_o^+} \operatorname{sgn} J_g(x) \ .$$

Deshalb sorgen wir nun im allgemeinen Fall zunächst dafür, daß $0 \notin g(\overline{\Omega}_1)$ ist. Für n=1 ist nichts zu zeigen, und für $n \geq 2$ existiert nach Korol-

lar 6.2 eine stetige ungerade Fortsetzung $\tilde{g}$ von $g|_{\partial\Omega}$ mit $0 \notin g(\overline{\Omega}_1)$.
Nach Satz 8.1(7) ist $d(\tilde{g},\Omega_o,0) = d(g,\Omega_o,0)$. Nun wählen wir $g^* \in \overline{C}^2(\Omega_o)$
so nahe bei $\tilde{g}$, daß $0 \notin g^*(\overline{\Omega}_1)$ und $d(g^*,\Omega_o,0) = d(\tilde{g},\Omega_o,0)$ gilt. Damit
hat $\frac{1}{2}(g^*(x)-g^*(-x))$ dieselben Eigenschaften und ist außerdem ungerade,
d.h. insgesamt: Wir können o.B.d.A. $0 \notin g(\overline{\Omega}_1)$ voraussetzen.
4. Es sei $0 \notin g(\overline{\Omega}_1)$ und $0 \in g(N_g)$. Gemäß Def.7.2 wählen wir $y \notin g(N_g)$
(und damit auch $-y \notin g(N_g)$) so nahe bei 0 , daß $d(g,\Omega_o,0) = d(g,\Omega_o,y)$,
$d(g,\Omega_o^-,y) = d(g,\Omega_o^-,-y)$ und $y \notin g(\overline{\Omega}_1)$ gilt. Damit ist

$$d(g,\Omega,0) = \sum_{x \in g^{-1}(y) \cap \Omega_o^+} \operatorname{sgn} J_g(x) + \sum_{x \in g^{-1}(-y) \cap \Omega_o^-} \operatorname{sgn} J_g(x)$$

gerade.

q.e.d.

Der Satz 1 besagt also insbesondere, daß unter seinen Voraussetzungen
$f|_{\partial\Omega}$ keine stetige Fortsetzung f auf Ω mit $0 \notin f(\Omega)$ hat.
Wir untersuchen nun mit Satz 1 abgeschlossene Überdeckungen von $\partial\Omega$.
Ist z.B. $\partial\Omega$ der Einheitskreis im R^2 , so benötigt man offensichtlich
mindestens drei abgeschlossene Mengen $A_i \subset \partial\Omega$ um $\partial\Omega$ zu überdecken, wenn
die A_i keine antipodalen Punkte enthalten dürfen (d.h. $A_i \cap (-A_i) = \emptyset$).
Allgemein gilt der

<u>Satz 2</u>. Es sei $\Omega \subset R^n$ offen, beschränkt und symmetrisch, $0 \in \Omega$ und
$\{A_1,\ldots,A_p\}$ eine Überdeckung von $\partial\Omega$ durch abgeschlossene Mengen $A_i \subset \partial\Omega$
mit $A_i \cap (-A_i) = \emptyset$ für $i=1,\ldots,p$. Dann ist $p \geq n+1$.

<u>Beweis</u>. Angenommen $p \leq n$. Wir setzen

$$f_i(x) = \begin{cases} 1 & \text{für} \quad x \in A_i \\ -1 & \text{für} \quad -x \in A_i \end{cases} \qquad i = 1,\ldots,p-1$$

gemäß Korollar 5.1 auf $\overline{\Omega}$ fort, definieren $f_i(x) = 1$ für $x \in \overline{\Omega}$ und
$i = p,\ldots,n$ und behaupten, daß $f = (f_1,\ldots,f_n)$ den Voraussetzungen von
Satz 1 genügt. Für $x \in A_p$ ist $-x \notin A_p$, folglich $-x \in A_i$ für ein $i \leq p-1$,
d.h. $x \in -A_i$. Damit ist

$$\partial\Omega \subset \bigcup_{i=1}^{p-1} \{A_i \cup (-A_i)\} \quad .$$

Ist also $x \in \partial\Omega$, so haben wir z.B. $x \in A_i$, folglich $f_i(x) = 1$ und
$f_i(-x) = -1$, d.h. (*) aus Satz 1 ist erfüllt. Nach Satz 1 ist daher
$d(f,\Omega,0) \neq 0$, d.h. $f(x) = 0$ für ein $x \in \Omega$, in Widerspruch zu $f_n(x) = 1$.

q.e.d.

<u>Satz 3</u>. Es sei Ω wie in Satz 2, $f: \partial\Omega \to R^m$ stetig und $m < n$. Dann existiert ein $x \in \partial\Omega$ mit $f(x) = f(-x)$.

<u>Beweis</u>. O.B.d.A. $f \in C(\overline{\Omega})$. Angenommen, $f(x) \neq f(-x)$ auf $\partial\Omega$. Dann ist $g(x) = f(x)-f(-x)$ ungerade und $g(x) \neq 0$ auf $\partial\Omega$, folglich $d(g,\Omega,0) \neq 0$ nach Satz 1 ; dabei ist z.B. $R^m = \{x \in R^n : x_{m+1} = \ldots = x_n = 0\}$ zu setzen. Nach Satz 8.1(5) existiert also eine Kugel $K_r(0) \subset R^n$, auf der $d(g,\Omega,\cdot)$ nicht 0 ist ; nach Satz 8.1(2) bedeutet dies $K_r(0) \subset g(\Omega) \subset R^m$, in Widerspruch zu $m < n$.

q.e.d.

§ 11. DIE PRODUKTEIGENSCHAFT

In § 8 haben wir gesehen, daß der Abbildungsgrad auf jeder Komponente K von $R^n \setminus f(\partial\Omega)$ konstant ist. Für $K_o \subset K$ können wir daher $d(f,\Omega,K_o) :=$ $d(f,\Omega,y)$ setzen, wobei $y \in K_o$ ist. Da $f(\partial\Omega)$ kompakt ist, gibt es für $n = 1$ zwei und für $n > 1$ genau eine unbeschränkte Komponente K_∞ , und da auch $f(\overline{\Omega})$ kompakt ist, enthält K_∞ Punkte $y \notin f(\overline{\Omega})$. Damit ist $d(f,\Omega,K_\infty) = 0$. Diese Überlegung ist nützlich für die Berechnung des Abbildungsgrades zusammengesetzter Abbildungen.

<u>Satz 1</u>. Es seien $\Omega \subset R^n$ offen und beschränkt, $f \in C(\overline{\Omega})$, $g \in C(R^n)$ und K_i $(i = 1,2,\ldots)$ die beschränkten Komponenten von $R^n \setminus f(\partial\Omega)$. Außerdem sei $y \notin (g \circ f)(\partial\Omega) = g(f(\partial\Omega))$. Dann ist

$$(*) \qquad d(g \circ f,\Omega,y) = \sum_i d(f,\Omega,K_i) d(g,K_i,y) \quad ,$$

wobei nur endlich viele Summanden $\neq 0$ sind.

<u>Beweis</u>. 1. Es sei $f(\overline{\Omega}) \subset K_r(0)$. Da $M := g^{-1}(y) \cap \overline{K}_r(0)$ kompakt und $M \subset R^n \setminus f(\partial\Omega) = \bigcup_i K_i$ ist, können wir M durch endlich viele K_i , etwa durch $K_1,\ldots,K_p$ und $K_{p+1} = K_\infty \cap K_{r+1}(0)$ überdecken. Damit ist

$$d(f,\Omega,K_{p+1}) = 0 \text{ und } d(g,K_i,y) = 0 \quad \text{für } i \geq p+2 \quad ,$$

denn für diese i ist $K_i \subset K_r(0)$ und $g^{-1}(y) \cap \overline{K}_i = \emptyset$. Die Summe in $(*)$ ist also endlich.

2. Es sei $f \in \overline{C}^2(\Omega)$, $g \in C^2(R^n)$ und $y \notin gf(N_{gf})$. Wir schreiben gf für $g \circ f$ und haben nach der Kettenregel $(gf)'(x) = g'(f(x))f'(x)$, also auch

$$d(gf,\Omega,y) = \sum_{x\in(gf)^{-1}(y)} \operatorname{sgn} J_{gf}(x) = \sum_{\cdots} \operatorname{sgn} J_g(f(x))\operatorname{sgn} J_f(x) = \cdots$$

$$\sum_{\substack{x\in f^{-1}(z)\\ z\in g^{-1}(y)}} \operatorname{sgn} J_g(z)\operatorname{sgn} J_f(x) = \sum_{z\in g^{-1}(y)\cap f(\Omega)} \operatorname{sgn} J_g(z)\{\sum_{x\in f^{-1}(z)} \operatorname{sgn} J_f(x)\}$$

$$= \sum_{\substack{z\in f(\Omega)\\ g(z)=y}} \operatorname{sgn} J_g(z)d(f,\Omega,z) \quad .$$

In der letzten Summe können wir $z\in f(\Omega)$ durch $z\in \overline{K}_r(0)\setminus f(\partial\Omega)$ ersetzen, denn es ist $d(f,\Omega,z) = 0$ für $z\notin f(\overline{\Omega})$. Da die Komponenten K_i paarweise disjunkt sind, erhalten wir somit

$$d(gf,\Omega,y) = \sum_{i=1}^{p} \sum_{z\in K_i\cap g^{-1}(y)} \operatorname{sgn} J_g(z)d(f,\Omega,z) =$$

$$\sum_{i=1}^{p} d(f,\Omega,K_i)\{\sum_{z\in K_i\cap g^{-1}(y)} \operatorname{sgn} J_g(z)\} = \sum_{i} d(f,\Omega,K_i)d(g,K_i,y) \quad .$$

3. Die Gültigkeit von (*) für $y\in gf(N_{gf})$ folgt sofort aus dem eben Bewiesenen und Def.7.2 .

4. Nun gelte nur die Voraussetzung des Satzes. Wir setzen

$$S_m = \{z\in K_{r+1}(0)\setminus f(\partial\Omega) : d(f,\Omega,z) = m\} \quad \text{und} \quad \mathbb{N}_m = \{i : d(f,\Omega,K_i) = m\}.$$

Da $S_m = \bigcup_{i\in\mathbb{N}_m} K_i$ ist, haben wir nach Satz 8.1(6)

$$\sum_{i} d(f,\Omega,K_i)d(g,K_i,y) = \sum_{m} m\cdot\{\sum_{i\in\mathbb{N}_m} d(g,K_i,y)\} = \sum_{m} m\cdot d(g,S_m,y) \quad .$$

Damit ist

$$(i) \qquad\qquad d(gf,\Omega,y) = \sum_{m} m\cdot d(g,S_m,y)$$

zu zeigen. Da $\partial S_m\subset f(\partial\Omega)$ ist, können wir $g_o\in C^2(R^n)$ so wählen, daß

$$(ii) \qquad d(gf,\Omega,y) = d(g_o f,\Omega,y) \quad \text{und} \quad d(g,S_m,y) = d(g_o,S_m,y)$$

gilt, und $M := g_o^{-1}(y)\cap \overline{K}_{r+1}(0) \neq \emptyset$ annehmen, da wir sonst nach (i) und (ii) fertig sind. Da M kompakt und $y\notin g_o f(\partial\Omega)$ ist, haben wir

$$\alpha := \rho(M,f(\partial\Omega)) > 0 \quad .$$

Nun sei $f_o\in \overline{C}^2(\Omega)$, $|f-f_o|_o < \alpha$, $f_o(\overline{\Omega})\subset K_{r+1}(0)$ und

$$S_m^* := \{z\in K_{r+1}(0)\setminus f_o(\partial\Omega) : d(f_o,\Omega,z) = m\} \quad .$$

Für $z\in M$ ist $\rho(z,f(\partial\Omega)) \geq \alpha > |f_o-f|_o$, folglich $d(f_o,\Omega,z) = d(f,\Omega,z)$, und damit $S_m \cap M = S_m^* \cap M$. Hieraus folgt $S_m \cap M = S_m^* \cap M \subset S_m^* \cap S_m$, also auch

(iii) $\qquad d(g_o, S_m, y) = d(g, S_m \cap S_m^*, y) = d(g_o, S_m^*, y)$,

nach Satz 8.1 . Mit (ii) , (iii) und dem 3.Schritt haben wir daher

(iv) $\qquad \sum_m m \cdot d(g, S_m, y) = \sum_m m \cdot d(g_o, S_m^*, y) = d(g_o f_o, \Omega, y)$.

Nach (ii) ist also nur noch $d(g_o f_o, \Omega, y) = d(g_o f, \Omega, y)$ zu zeigen. Diese Gleichung folgt aber aus Satz 8.1(3) mit $h(t,x) = g_o(f(x) + t(f_o(x) - f(x)))$; es ist $y \notin h(t, \partial\Omega)$, denn sonst wäre $f(x) + t(f_o(x) - f(x)) \in M$, in Widerspruch zu $|z - f(x) - t(f_o(x) - f(x))| \geq \alpha - t|f_o - f|_o > 0$ für alle $z \in M$.

$\qquad\qquad\qquad\qquad\qquad\qquad\qquad\qquad\qquad\qquad\qquad\qquad$ q.e.d.

Dieses multiplikative Verhalten des Abbildungsgrades ermöglicht einen relativ einfachen Beweis des Trennungssatzes von Jordan, der eine Verallgemeinerung des bekannten Kurvensatzes von Jordan ist: "Eine geschlossene Jordan-Kurve $K \subset R^2$ zerlegt R^2 in zwei Gebiete G_1 und G_2 , so daß $K = \partial G_1 = \partial G_2$ und $G_2 = R^2 \setminus \overline{G}_1$ gilt". Da jede geschlossene Jordan-Kurve homeomorph zum Einheitskreis $\partial K_1(0)$ ist, und $K_1(0)$ und $R^2 \setminus \overline{K}_1(0)$ die Komponenten von $R^2 \setminus \partial K_1(0)$ sind, kann der Kurvensatz auch wie folgt formuliert werden: "Ist $K \subset R^2$ homeomorph zu $\partial K_1(0)$, dann hat $R^2 \setminus K$ genau zwei Komponenten". Diese Version läßt sich auf den R^n übertragen.

<u>Satz 2</u>. Es seien Ω_1 und Ω_2 zwei homeomorphe kompakte Mengen des R^n . Dann haben $R^n \setminus \Omega_1$ und $R^n \setminus \Omega_2$ gleich viele Komponenten.

<u>Beweis</u>. Es seien h: $\Omega_1 \rightarrow \Omega_2$ ein Homeomorphismus auf Ω_2 , f eine stetige Fortsetzung von h auf R^n , g eine stetige Fortsetzung auf R^n von h^{-1}: $\Omega_2 \rightarrow \Omega_1$, K_i die beschränkten Komponenten von $R^n \setminus \Omega_1$ und L_i diejenigen von $R^n \setminus \Omega_2$. Damit ist $g \circ f|_{\Omega_1} = I|_{\Omega_1}$ und $g \circ f|_{\partial K_i} = I|_{\partial K_i}$ (da $\partial K_i \subset \Omega_1$ gilt) , also auch $d(gf, K_i, y) = d(I, K_i, y)$ für $y \notin gf(\partial K_i)$. Da $d(I, K_i, K_j) = \delta_{ij}$ ist, haben wir auch

(i) $\qquad\qquad\qquad d(gf, K_i, K_j) = \delta_{ij}$.

Wir fixieren j und bezeichnen die Komponenten von $R^n \setminus f(\partial K_j)$ mit G_q . Da $f(\partial K_j)$ kompakt ist, gibt es genau eine unbeschränkte Komponente

G_∞ *) , und aus $f(\partial K_j) \subset \Omega_2$ folgt $\bigcup_p L_p = R^n \setminus \Omega_2 \subset R^n \setminus f(\partial K_j) = \bigcup_q G_q$.
Da die Komponenten maximale zusammenhängende Mengen sind, existiert
also zu jedem p ein q mit $L_p \subset G_q$, und es ist $L_\infty \subset G_\infty$. Wir bezeichnen
mit L_r^q diejenigen L_p , die in G_q enthalten sind, setzen $V_q = \bigcup_r L_r^q$ und
$M_q = \overline{G}_q \setminus V_q$. Die Mengen M_q sind abgeschlossen, und es ist $M_q \subset \Omega_2$,
denn sonst wäre $M_q \cap L_k \neq \emptyset$ (d.h. $L_k \subset G_q$) für ein L_k mit $L_k \cap V_q = \emptyset$.
Ist nun $y \in K_i$ und $g(z) = y$, so ist $z \notin \Omega_2$, also auch $z \notin M_q$ für alle q.
Nach Satz 8.1 haben wir daher $d(g,G_q,y) = d(g,G_q \setminus M_q,y) = \sum_r d(g,L_r^q,y)$.
Da $d(f,K_j,L_r^q) = d(f,K_j,G_q)$ für alle r gilt, folgt hieraus mit Satz 1

$$d(gf,K_j,y) = \sum_q d(f,K_j,G_q)d(g,G_q,y) = \sum_q \sum_r d(f,K_j,L_r^q)d(g,L_r^q,y) =$$

$$\sum_p d(f,K_j,L_p)d(g,L_p,y) \quad ,$$

und da $y \in K_i$ beliebig war, bedeutet dies in Verbindung mit (i), daß

$$\text{(ii)} \qquad \delta_{ij} = \sum_p d(f,K_j,L_p)d(g,L_p,K_i)$$

ist. Wiederholt man das Verfahren im Anschluß an (i) mit L_j anstelle
von K_j , so ergibt sich entsprechend

$$\text{(iii)} \qquad \delta_{ij} = \sum_r d(f,K_r,L_i)d(g,L_j,K_r) \quad .$$

Nehmen wir nun an, daß es m Komponenten K_i und n Komponenten L_i gibt,
so ist nach (ii) und (iii)

$$1 = \sum_{r=1}^m d(f,K_r,L_p)d(g,L_p,K_r) \quad \text{und} \quad 1 = \sum_{p=1}^n d(f,K_r,L_p)d(g,L_p,K_r) \quad ,$$

für $p = 1,\ldots,n$ bzw. $r = 1,\ldots,m$, also auch

$$m = \sum_{r=1}^m 1 = \sum_{p=1}^n \sum_{r=1}^m d(f,K_r,L_p)d(g,L_p,K_r) = \sum_{p=1}^n 1 = n \quad ,$$

d.h. $R^n \setminus \Omega_1$ und $R^n \setminus \Omega_2$ haben entweder die gleiche endliche Anzahl von
Komponenten, oder beide Mengen haben abzählbar viele.

q.e.d.

Aus dem Jordanschen Satz folgt leicht ein Kriterium über die Offenheit
von Abbildungen. Dabei nennen wir $f: \Omega \rightarrow R^n$ <u>offen</u> , wenn $f(\Omega_0)$ für jede

---

*) Für n = 1 fassen wir die beiden unbeschränkten Komponenten zu G_∞
zusammen.

offene Teilmenge Ω_o von Ω offen ist. $f: \Omega \to R^n$ heißt <u>lokal eineindeutig</u>, wenn zu jedem $x \in \Omega$ eine Umgebung $U(x) \subset \Omega$ existiert, so daß $f|_{U(x)}$ eineindeutig ist.

<u>Satz 3.</u> Es sei $\Omega \subset R^n$ offen, $f: \Omega \to R^n$ stetig und lokal eineindeutig. Dann ist f eine offene Abbildung.

<u>Beweis.</u> Es sei $\Omega_o \subset \Omega$ offen, $x_o \in \Omega_o$ und $K = K_r(x_o)$ so gewählt, daß $\overline{K} \subset \Omega_o$ und $f|_{\overline{K}}$ eineindeutig ist. Dann ist $f|_{\overline{K}}$ ein Homeomorphismus auf $\overline{K}$. Da $R^n \setminus \overline{K}$ nur eine Komponente hat, gilt nach Satz 2 dasselbe für $R^n \setminus f(\overline{K})$. Damit ist $R^n \setminus f(\overline{K})$ eine Komponente von $R^n \setminus f(\partial K)$. Ebenfalls nach Satz 2 hat aber $R^n \setminus f(\partial K)$ genau zwei Komponenten, da dies für $R^n \setminus \partial K$ gilt. Nun ist $f(K) \cap f(\partial K) = \emptyset$ wegen der Eineindeutigkeit von $f|_{\overline{K}}$, folglich $R^n \setminus f(\partial K) = f(K) \cup (R^n \setminus f(\overline{K}))$, d.h. $f(K)$ ist die zweite Komponente von $R^n \setminus f(\partial K)$ und daher offen. Damit ist $f(x_o)$ innerer Punkt von $f(\Omega_o)$.

q.e.d.

Der Satz 3 wird auch oft als "Satz über die Gebietsinvarianz" bezeichnet, da ein Gebiet Ω_o , d.h. eine offene und zusammenhängende Menge, durch f auf ein Gebiet abgebildet wird. Ist in Satz 3 insbesondere $\Omega = R^n$, so ist $f(R^n)$ offen ; genügt also f außerdem einer Bedingung, welche die Abgeschlossenheit von $f(R^n)$ sichert, so ist f eine Abbildung auf R^n ; ist schließlich f sogar global eineindeutig, so ist f ein Homeomorphismus von R^n auf R^n.

<u>Korollar 1.</u> Es sei $f: R^n \to R^n$ stetig ; $\phi: R^1_+ \times R^1_+ \to R^1_+$ stetig mit $\phi(s,t) > 0$ für $|s| + |t| > 0$ und $\lim\inf_{|s|+|t| \to \infty} \phi(s,t) > 0$; $\psi: R^1_+ \to R^1_+$ stetig mit $\psi(0) = 0$, $\psi(r) > 0$ für $r > 0$ und $\lim_{r \to \infty} \psi(r) = \infty$; $|f(x) - f(y)| \geq \phi(|x|,|y|)\psi(|x-y|)$ für alle $x, y \in R^n$. Dann ist f ein Homeomorphismus von R^n auf R^n .

<u>Beweis.</u> Aus $f(x) = f(y)$ folgt $\phi(|x|,|y|) = 0$ oder $\psi(|x-y|) = 0$, d.h. $x = y = 0$ oder $x = y$. Damit ist f eineindeutig. Um die Abgeschlossenheit von $f(R^n)$ zu zeigen, betrachten wir eine Folge $(y_n) \in f(R^n)$ mit $y_n \to y$. Es ist $y_n = f(x_n)$ für ein $x_n \in R^n$ und (y_n) eine Cauchy-Folge. Damit haben wir $\phi(|x_n|,|x_{n+p}|)\psi(|x_n - x_{n+p}|) \leq |y_n - y_{n+p}| \to 0$ für $n \to \infty$ (gleichmäßig bzgl. $p \geq 1$) . Angenommen, (x_n) ist keine Cauchy-Folge. Dann existieren ein $\varepsilon_o > 0$ und Folgen (n_k) , (p_k) mit $n_k \to \infty$ für $k \to \infty$, so daß $\alpha_k := |x_{n_k} - x_{n_k + p_k}| \geq \varepsilon_o$ für alle k gilt. Wegen der Voraussetzungen über ϕ und ψ gibt es also Konstanten $\alpha > 0$, $\beta > 0$ mit $\psi(\alpha_k) \geq \alpha$ und

$\phi(|x_{n_k}|, |x_{n_k+p_k}|) \geq \beta$ für alle k, in Widerspruch zu $\alpha\beta \leq |y_{n_k}-y_{n_k+p_k}| \to 0$

für $k \to \infty$. Somit ist (x_n) Cauchy-Folge, d.h. $x_n \to x$ für ein $x \in R^n$,
also auch $f(x_n) \to f(x)$. Damit haben wir $y = f(x)$, d.h. $f(R^n)$ ist abgeschlossen.

q.e.d.

Das Gegenbeispiel $n = 1$, $f(x) = e^x$ zeigt, daß die Voraussetzung
$\lim\limits_{|s|+|t|\to\infty} \inf \phi(s,t) > 0$ wesentlich ist; in diesem Fall hat man nämlich nur
$|f(x)-f(y)| \geq |x-y| \exp(-\max(|x|,|y|))$.

§ 12. DER ABBILDUNGSGRAD STETIGER ABBILDUNGEN AUF UNBESCHRÄNKTEN MENGEN

Bisher haben wir $d(f,\Omega,y)$ nur für beschränkte Ω definiert. Wir betrachten nun auch unbeschränkte Ω , setzen dann jedoch voraus, daß f einer
gewissen Wachstumsbedingung genügt: Für eine offene Menge $\Omega \subset R^n$ be-
zeichnet $\hat{C}(\overline{\Omega})$ den Raum aller stetigen $f: \overline{\Omega} \to R^n$ mit $\sup\{|x-f(x)|:x\in\overline{\Omega}\}<\infty$.
Es sei $f \in \hat{C}(\overline{\Omega})$ und $y \notin f(\partial\Omega)$. Dann ist $f^{-1}(y)$ kompakt, denn $f^{-1}(y)$ ist
abgeschlossen, und aus $f(x) = y$ folgt $|x-y| \leq \sup\limits_{\overline{\Omega}}|x-f(x)| < \infty$. Außer-
dem ist $f(\partial\Omega)$ abgeschlossen, denn für eine Folge $(y_n) = (f(x_n))$ mit
$(x_n) \subset \partial\Omega$ und $y_n \to y$ haben wir $|x_n-y_n| \leq c$ für ein $c > 0$ und alle n ,
d.h. (o.B.d.A.) $x_n \to x \in \partial\Omega$ und $f(x) = y$.
Nun seien Ω_1 und Ω_2 offene, beschränkte Mengen mit $f^{-1}(y) \subset \Omega_i$ und
$\overline{\Omega}_i \subset \Omega$ $(i = 1,2)$. Dann hat $\Omega_3 := \Omega_1 \cap \Omega_2$ dieselben Eigenschaften, und
nach Satz 8.1 ist

$$d(f,\Omega_i,y) = d(f,\Omega_3,y)+d(f,\Omega_i \setminus \overline{\Omega}_3,y) = d(f,\Omega_3,y) \text{ für } i = 1,2 .$$

Somit ist die folgende Definition sinnvoll.

<u>Definition 1</u>. Ist $\Omega \subset R^n$ offen, $f \in \hat{C}(\overline{\Omega})$ und $y \notin f(\partial\Omega)$, so setzen wir
$d(f,\Omega,y) := d(f|_{\overline{\Omega}_1},\Omega_1,y)$, wobei Ω_1 eine beliebige offene beschränkte
Menge mit $\overline{\Omega}_1 \subset \Omega$ und $f^{-1}(y) \subset \Omega_1$ ist.

Für ein beschränktes Ω ist $\hat{C}(\overline{\Omega}) = C(\overline{\Omega})$, und Def.1 fällt mit Def.8.1
zusammen. Offensichtlich gelten (1) und (2) aus Satz 8.1 auch hier.
Die Eigenschaft (3) lautet nun
(3') Ist $h: [0,1]\times\overline{\Omega} \to R^n$ stetig, $\sup\{|x-h(t,x)|:(t,x)\in [0,1]\times\overline{\Omega}\} < \infty$
und $y \notin h(t,\partial\Omega)$ für jedes $t \in [0,1]$, dann ist $d(h(t,\cdot),\Omega,y)$ unabhängig
von t .
(5),(6),(8) und (9) aus Satz 8.1 bleiben wörtlich erhalten, in (7) ist

$g \in \hat{C}(\overline{\Omega})$, und in (4) ist $g \in \hat{C}(\overline{\Omega})$ mit $\sup_{\overline{\Omega}} |f(x) - g(x)| < \rho(y, f(\partial\Omega))$ vorauszusetzen.

Die Definition 3 wird in Kap.5 benötigt, da dort nur unbeschränkte offene Mengen interessant sein werden.

§ 13. BEMERKUNGEN

I. Der Index einer y-Stelle

Wir beschäftigen uns noch kurz mit isolierten y-Stellen. Es sei $f \in C(\overline{K}_r(x_o))$, $y = f(x_o)$ und $y \neq f(x)$ auf $\overline{K}_r(x_o) \setminus \{x_o\}$. Nach Satz 8.1 ist dann $d(f|_{\overline{K}_\rho}, K_\rho(x_o), y)$ für alle $\rho < r$ dieselbe Zahl; man nennt sie den Index der y-Stelle x_o und bezeichnet sie mit $j(f, x_o, y)$. Offensichtlich ist $j(f, x_o, y) = \mathrm{sgn}\ J_f(x_o)$, wenn außerdem $f \in \overline{C}^1(K_r(x_o))$ und $J_f(x_o) \neq 0$ gilt. Ist $f \in C(\overline{\Omega})$, $\Omega \subset R^n$ offen und beschränkt, und besteht $f^{-1}(y)$ nur aus den Punkten $x^1, \ldots, x^p \in \Omega$, so haben wir $d(f, \Omega, y) = \sum_{i=1}^{p} j(f, x^i, y)$, nach Satz 8.1 . Diese Summe wird auch als "algebraische Anzahl der y-Stellen von f in Ω" bezeichnet.

Wir erwähnen noch den folgenden Spezialfall von Satz 11.1:

Ist $f \in C(\overline{\Omega})$, $g \in C(R^n)$, $y \notin g \circ f(\partial\Omega)$ und $g^{-1}(y) = \{z^1, \ldots, z^p\}$, dann gilt

$$d(g \circ f, \Omega, y) = \sum_{i=1}^{p} d(f, \Omega, z^i) j(g, z^i, y) \ .$$

Jedes z^i liegt nämlich in einer der Komponenten K_i von $R^n \setminus f(\partial\Omega)$; sind z.B. z^i und z^j die einzigen Punkte aus $g^{-1}(y) \cap K_i$, so ist $d(f, \Omega, z^i) = d(f, \Omega, z^j) = d(f, \Omega, K_i)$ und $d(g, K_i, y) = j(g, z^i, y) + j(g, z^j, y)$. Wir werden gleich sehen, daß der Index einer y-Stelle eine Verallgemeinerung des bekannten Begriffs "Vielfachheit einer y-Stelle" ist.

II. Abbildungsgrad und Windungszahl

Eine stetige, geschlossene Kurve $\gamma: [0,1] \to \mathbb{C}$ kann man auch als stetiges Bild von $S = \partial K_1(0) \subset \mathbb{C}$ auffassen, da die Abbildung $h: s \to e^{2\pi i s}$ ein Homeomorphismus von $(0,1)$ auf $S \setminus \{1\}$, und damit f , definiert durch $f(z) = \gamma(h^{-1}(z))$ für $z \neq 1$ und $f(1) = \gamma(1)$, auf S stetig ist. Ist nun $a \notin \gamma = f(S)$, so ist $d(f, K_1(0), a)$ für alle stetigen Fortsetzungen von f auf $\overline{K}_1(0)$ dieselbe Zahl (Satz 8.1(7)) . Damit gilt, so behaupten wir

$$(*) \qquad\qquad d(f, K_1(0), a) = n(f(S), a) \ .$$

Da nach Def.8.1 und (i) aus der Einleitung zu diesem Kapitel beide Zahlen in (*) erhalten bleiben, wenn wir f und a wenig ändern, können wir uns auf den Fall $f \in C^1(\overline{K}_1(0))$ und $a \notin f(N_f)$ beschränken. Ist also $f^{-1}(a) = \{z_1, \ldots, z_p\}$, so haben wir gemäß Def.7.1 und (1) aus der Einleitung

$$\frac{1}{2\pi i} \int\limits_{f(S)} \frac{dz}{z-a} = \sum_{k=1}^{p} \operatorname{sgn} J_f(z_k)$$

zu zeigen. Wir wählen $\delta > 0$ so klein, daß die $U_k = K_\delta(z_k)$ paarweise

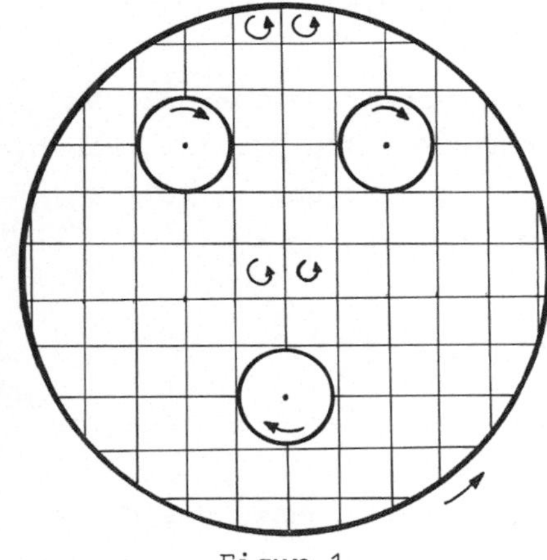

Figur 1

disjunkt sind, $\operatorname{sgn} J_f(z) = \operatorname{sgn} J_f(z_k)$ auf $\overline{U}_k$ gilt, und $f|_{\overline{U}_k}$ ein Homeomorphismus ist. Die Kurven $f(S_k)$ mit $S_k = \partial U_k$ sind damit geschlossene Jordankurven, in deren Innengebiet a liegt, und die, je nachdem $\operatorname{sgn} J_f(z_k) > 0$ oder $\operatorname{sgn} J_f(z_k) < 0$ ist, dieselbe oder die entgegengesetzte Orientierung von S_k haben (eventuell nach Verkleinerung von δ ; vgl. die Bemerkung nach Def.7.1) . Sei

$$G = \overline{K}_1(0) \setminus \bigcup_{k=1}^{p} U_k \quad .$$

Wegen $f(z) \neq a$ auf G haben wir dort $|f(z)-a| \geq \alpha$ für ein $\alpha > 0$, und da f auf G gleichmäßig stetig ist, können wir G mit einem Rechtecknetz überziehen, so daß auf dem Schnitt jedes Rechtecks R mit G die Schwankung von f kleiner als α ausfällt; außerdem orientieren wir noch wie in Fig.1 angegeben. Ist $\Gamma_R = \partial(R \cap G)$ so umfährt die geschlossene Kurve $f(\Gamma_R)$ den Punkt a nicht, d.h. a liegt in der unbeschränkten Komponente von $\mathbb{C} \setminus f(\Gamma_R)$; folglich ist $n(f(\Gamma_R), a) = 0$. Durch Summation über alle R erhalten wir

$$\int\limits_{f(S)} \frac{dz}{z-a} + \sum_{k=1}^{p} \int\limits_{f(S_k^-)} \frac{dz}{z-a} = 0 \quad , \quad \text{d.h.} \quad \int\limits_{f(S)} \frac{dz}{z-a} = \sum_{k=1}^{p} \int\limits_{f(S_k^+)} \frac{dz}{z-a} \quad .$$

Da aber $f(S_k^+)$ den Punkt a genau einmal umfährt und je nach dem Vorzeichen von $J_f(z_k)$ positiv bzw. negativ orientiert ist, haben wir

$$\int\limits_{f(S_k^+)} \frac{dz}{z-a} = 2\pi i \operatorname{sgn} J_f(z_k) \quad .$$

Hat f jedoch keine a-Stellen in $K_1(0)$, so sind offensichtlich beide Seiten in (*) = 0 .

q.e.d.

Wegen der Beziehung (*) sieht man nun z.B. leicht ein, daß der in Abschnitt I erklärte Index einer y-Stelle eine Verallgemeinerung auf höhere Dimension der "Vielfachheit einer y-Stelle" darstellt. Ist beispielsweise z_o eine p-fache Nullstelle der in $K_r(z_o)$ holomorphen Funktion f , und gilt $f(z) \neq 0$ für $z \neq z_o$, so haben wir für $\rho < r$ und $\phi(z) := \rho z + z_o$

$$j(f,z_o,0) = d(f,K_\rho(z_o),0) = d(f\circ\phi,K_1(0),0)$$

$$= n(f\circ\phi(S),0) = n(f(\partial K_\rho(z_o)),0) = p \; ;$$
$$(*)$$

dabei wurde die Produkteigenschaft des Abbildungsgrads verwendet: Da $K_\rho(z_o)$ die einzige beschränkte Komponente von $R^2 \setminus \phi(\partial K_1(0))$ ist, haben wir $d(f\circ\phi,K_1(0),0) = d(f,K_\rho(z_o),0)d(\phi,K_1(0),K_\rho(z_o))$, und es ist $d(\phi,K_1(0),K_\rho(z_o)) = d(\phi,K_1(0),z_o) = d(\phi(\cdot)-z_o,K_1(0),0) = 1$.

III. Bemerkungen zur Definition des Abbildungsgrades

1. Da auf R^n alle Normen äquivalent sind, hängt die Def.8.1 nicht von der Wahl der Norm ab.

2. Die Def.8.1 ist auch unabhängig von der Wahl einer Basis des R^n . Betrachtet man nämlich an Stelle der von uns verwendeten natürlichen Basis $\{e^1,\ldots,e^n\}$ eine Basis $\{\hat{e}^1,\ldots,\hat{e}^n\}$, so existiert eine Matrix A mit det $A \neq 0$ derart, daß $\hat{x} = Ax$ die Darstellung von $x = \sum_{i=1}^n x_i e^i$ bzgl. der neuen Basis ist ; damit wird $x \rightarrow f(x)$ in der neuen Basis durch $\hat{x} \rightarrow g(\hat{x}) := Af(A^{-1}\hat{x})$ dargestellt. Für $f \in C^1(\Omega)$ ist $g \in C^1(A\Omega)$ und $J_g(\hat{x}) = (\det A)J_f(A^{-1}\hat{x})\det A^{-1} = J_f(x)$. Unter den Voraussetzungen von Def.7.1 ist also d unabhängig von der Basiswahl, und damit gemäß Def.7.2 und Def.8.1 auch im allgemeinen Fall.

3. Es sei $M = \{(f,\Omega,y):\Omega \subset R^n$ offen und beschränkt, $f \in C(\overline{\Omega})$ und $y \notin f(\partial\Omega)\}$. Dann existiert genau eine Funktion $d: M \rightarrow \mathbf{Z}$ mit folgenden Eigenschaften
   (i) Für $(f,\Omega,y) \in M$ mit $f \in C^1(\Omega)$ und $y \notin f(N_f)$ ist

$$d(f,\Omega,y) = \sum_{x\in f^{-1}(y)} \text{sgn } J_f(x) \qquad (\sum_{\emptyset} := 0) \; .$$

   (ii) Sind h: $[0,1]\times\overline{\Omega} \rightarrow R^n$ und $\phi: [0,1] \rightarrow R^n$ stetig mit $\phi(t) \notin h(t,\partial\Omega)$ für jedes $t \in [0,1]$, dann ist $d(h(t,\cdot),\Omega,\phi(t))$ unabhängig von t.
Da für den gemäß Def.8.1 erklärten Abbildungsgrad (i) gilt und (ii) leicht aus Satz 8.1 folgt, gibt es mindestens eine solche Funktion. Genügen d und d' den Bedingungen (i) und (ii) , und ist $(f,\Omega,y) \in M$ und $\alpha = \rho(y,f(\partial\Omega))$, so existieren nach Satz 6.2 bzw. Satz 6.1 ein

$f_o \in \overline{C}^1(\Omega)$ mit $|f-f_o|_o < \alpha/3$ und ein $y_o \notin f_o(N_{f_o})$ mit $|y-y_o| < \alpha/3$.

Mit $h(t,x) = f(x)+t(f_o(x)-f(x))$ und $\phi(t) = y+t(y_o-y)$ folgen dann $d(f,\Omega,y) = d(f_o,\Omega,y_o)$ und $d'(f,\Omega,y) = d'(f_o,\Omega,y_o)$ aus (ii) , und nach (i) ist $d(f_o,\Omega,y_o) = d'(f_o,\Omega,y_o)$, d.h. es gibt höchstens eine Funktion d mit (i) und (ii). Man prüft leicht nach, daß die Homotopieinvarianz (ii) äquivalent ist zur Bedingung "d ist stetig in (f,y) mit $(f,\Omega,y) \in M$". Da auch der mit Hilfe des topologischen Zugangs erklärte Abbildungsgrad die Eigenschaft (i) und (ii) hat (vgl. [14,Chap.I]) , stimmt er mit dem von uns definierten überein. In [24] sind auch andere der Eigenschaften (1) - (9) aus Satz 8.1 angegeben, die den Abbildungsgrad eindeutig festlegen.

ÜBUNGSAUFGABEN

1. (a) Es sei $\Omega \subset R^1$ ein offenes Intervall mit $0 \in \Omega$ und $f(x) = \alpha x^k$ für $x \in \Omega$, mit $\alpha \neq 0$. Dann ist $d(f,\Omega,0) = 0$ für gerades k und $d(f,\Omega,0) = \text{sgn } \alpha$ für ungerades k .

   (b) Ist $g(x) = \alpha x^k + \sum\limits_{i=o}^{k-1} \alpha_i x^i$ für $x \in R^1$, so ist $d(g,(-r,r),0) = d(f,(-r,r),0)$, für $f(x) = \alpha x^k$, $\alpha \neq 0$ und $r > 0$ hinreichend groß.

   (c) Ist $[a,b] \subset R^1$ und f ein Polynom mit $f(a) < 0$ und $f(b) > 0$, so ist $d(f,(a,b),0) = 1$.

   Anleitung: Man beachte Satz 8.1(7) und Satz 9.4 .

2. Es sei $\Omega = K_2(0) \subset R^2$, $f: \Omega \to R^2$ durch $f_1(x,y) = x^3-3xy^2$ und $f_2(x,y) = -y^3+3x^2y$ definiert und $a = (1,0)$. Dann ist $d(f,\Omega,a) = 3$.

3. Es sei $f: R^n \to R^n$ eine affine Abbildung, d.h. $f(x) = Ax+b$ für eine $n \times n$-Matrix A und ein $b \in R^n$. Ist $\det A \neq 0$ und $f(x_o) = y$, so ist $d(f,K_r(x_o),y) = \text{sgn det } A$ für jedes $r > 0$.

4. Es sei $\Omega \subset R^n$ offen und beschränkt, $f \in \overline{C}^1(\Omega)$, $r = \rho(y,f(\partial\Omega)) > 0$ und $M_r = \{\phi: [0,\infty) \to R^1$ stetig, supp $\phi \subset (0,r)$ und $\int_{R^n}\phi(|x|)dx = 1\}$. Dann ist für alle $\phi,\psi \in M_r$

$$\int\limits_\Omega \phi(|f(x)-y|)J_f(x)dx = \int\limits_\Omega \psi(|f(x)-y|)J_f(x)dx .$$

Anleitung: O.B.d.A.: $y = 0$. Für $\alpha = \phi-\psi$ gilt supp $\alpha \subset (0,r)$ und $\int_{R^n}\alpha(|x|)dx = \omega_n \int\limits_o^r \alpha(t)t^{n-1}dt = 0$ (ω_n = Oberfläche von $K_1(0) \subset R^n$). Für $\beta: [0,\infty) \to R^1$, definiert durch $\beta(0)=0$ und $\beta(t)=t^{-n} \int\limits_o^t \alpha(s)s^{n-1}ds$ für $t > 0$, ist supp $\beta \subset (0,r)$ und $t\beta'(t) = -n\beta(t)+\alpha(t)$. Für $h: \overline{\Omega} \to R^n$, definiert durch $h(x) = \beta(|f(x)|)f(x)$, ist $h(x) = 0$ auf $\overline{\Omega} \setminus \Omega_\delta$ (für

ein $\delta > 0$) . Schließlich ist $\alpha(|f(x)|)J_f(x) = \operatorname{div} w(x)$, für

$f \in \overline{C}^2(\Omega)$ und $w_i(x) = \sum\limits_{j=1}^{n} d_{ij}(x)h_j(f(x))$ (vgl. den Beweis von Hilfs-

satz 6.2); nun approximiere man $f \in \overline{C}^2(\Omega)$ durch $g \in \overline{C}^1(\Omega)$.

5. Unter den Voraussetzungen von Aufg.4 ist

$$d(f,\Omega,y) = \int\limits_\Omega \phi(|f(x)-y|)J_f(x)dx$$

für jedes $\phi \in M_r$.

Anleitung: Def.7.1 , Lemma 7.1 , Aufg.4 , Def.7.2 und Satz 6.2 .

6. Es seien $f,g \in C(\overline{\Omega})$, $h: [0,1] \times \partial\Omega \to R^n$ eine $f|_{\partial\Omega}$ und $g|_{\partial\Omega}$ verbinden-
de Homotopie und $y \notin h(t,\partial\Omega)$ für jedes $t \in [0,1]$. Dann ist $d(f,\Omega,y)$
$= d(g,\Omega,y)$.

7. Es seien $\Omega_m \subset R^m$ und $\Omega_n \subset R^n$ offen und beschränkt, $f: \overline{\Omega}_m \to R^m$ stetig
und $g: \overline{\Omega}_n \to R^n$ stetig, $y \in R^m \setminus f(\partial\Omega_m)$ und $z \in R^n \setminus g(\partial\Omega_n)$. Dann ist
$d((f,g),\Omega_m \times \Omega_n,(y,z)) = d(f,\Omega_m,y)d(g,\Omega_n,z)$.
Anleitung: Man betrachte zunächst Def.7.1 .

8. Ist $f \in C(\overline{\Omega})$, $f(\overline{\Omega}) \subset \overline{\Omega}$ und $f(x) = x$ für $x \in \partial\Omega$, dann ist $f(\overline{\Omega}) = \overline{\Omega}$.

9. Es sei $\Omega = K_1(0) \subset R^n$, $f \in C(\overline{\Omega})$ und $0 \notin f(\overline{\Omega})$. Dann gibt es Punkte
$x^1,x^2 \in \partial\Omega$ und Zahlen $\lambda_1 > 0$, $\lambda_2 < 0$, so daß $f(x^i) = \lambda_i x^i$ (i=1,2)
gilt.
Anleitung: Man beachte den Beweis des Igelsatzes.

10. Es sei $\Omega = K_1(0) \subset R^n$, n ungerade und $f: \partial\Omega \to \partial\Omega$ stetig. Dann existiert ein $x \in \partial\Omega$ mit $x = f(x)$ oder $-x = f(x)$.

11. Es sei $\Omega \subset R^n$ offen und beschränkt, $0 \in \Omega$ und $f \in C(\overline{\Omega})$. Genügt f der
Bedingung "aus $f(x) = \lambda x$ für $x \in \partial\Omega$ folgt $\lambda \leq 1$" , dann hat f einen
Fixpunkt.
Anleitung: $h(t,x) = x-tf(x)$.

12. Es sei Ω wie in Aufg.11 , $f \in C(\overline{\Omega})$ und $\langle f(x),x \rangle \geq 0$ auf $\partial\Omega$. Dann
hat f eine Nullstelle in Ω .
Anleitung: Man verwende $g(x) = x-f(x)$ und Aufg.11 .

13. Ist $f \in C(R^n)$ und $|f(x)| \leq \alpha|x|+\beta$ mit $0 \leq \alpha < 1$ und $\beta \geq 0$, dann
hat f einen Fixpunkt.

14. Es sei $\Omega \subset R^n$ offen und beschränkt, $0 \in \Omega$ und $\overline{\Omega}$ sternförmig bzgl. 0,
d.h. mit $y \in \overline{\Omega}$ ist auch $\{ty: 0 \leq t \leq 1\} \subset \overline{\Omega}$. Ist $f: \overline{\Omega} \to \overline{\Omega}$ stetig,
dann hat f einen Fixpunkt.
Anleitung: Mit dem Minkowski-Funktional $p: R^n \to R^1$ von $\overline{\Omega}$, definiert durch $p(x) = \inf\{\lambda > 0 : x \in \lambda\overline{\Omega}\}$ kann man eine stetige Fort-
setzung $\tilde{f}$ von f auf $\overline{K}_r(0) \supset \overline{\Omega}$ mit $\tilde{f}(\overline{K}_r(0)) \subset \overline{\Omega}$ definieren (vgl.
[64,I,III]) .

15. Es sei $[a,b] \subset R^n$ mit $a < b$, $f: [a,b] \to R^n$ stetig,

$$f_i(x_1,\ldots,x_{i-1},a_i,x_{i+1},\ldots,x_n) \geq 0$$

und

$$f_i(x_1,\ldots,x_{i-1},b_i,x_{i+1},\ldots,x_n) \leq 0$$

für $i = 1,\ldots,n$. Dann existiert ein $x \in [a,b]$ mit $f(x) = C$.
Anleitung: Man verallgemeinere zunächst Aufg.11 zu $x_o \in \Omega$ (anstelle
von $0 \in \Omega$) und "Aus $f(x)-x_o = \lambda(x-x_o)$ folgt $\lambda \leq 1$". Mit einem geeigneten x_o zeige man dann, daß $I+f$ mindestens einen Fixpunkt aus
$[a,b]$ hat.

Kapitel 3. Der Leray-Schauder-Grad

Viele mathematische Modelle naturwissenschaftlicher Probleme führen
nicht auf endliche Gleichungssysteme, sondern auf Gleichungen der Form
$Fx = y$, wobei F eine Abbildung zwischen unendlichdimensionalen Räumen
X und Y ist. Dies gilt insbesondere für die zeitabhängigen Vorgänge,
die durch Differentialgleichungen, Integralgleichungen, Integrodiffe-
rentialgleichungen, usw. beschrieben werden. Bewegt sich beispielsweise
ein Teilchen im Zeitintervall $J = [0,a]$ nach dem Gesetz $x' = f(t,x)$ mit
stetigem f , und befindet es sich zur Zeit $t=0$ im Punkt x_o , so ist die
gesuchte Bahnkurve eine Lösung der Gleichung $Fx = 0$, mit $x \in X =$
$\{x \in C^1(J) : x(0) = x_o\}$ und $F: X \to C(J)$, definiert durch $(Fx)(t) = x'(t) - f(t,x(t))$;
oder (äquivalent) eine Lösung der Gleichung $\tilde{F}x = x$, mit $X = C(J)$, und
$\tilde{F}: X \to X$ durch $(\tilde{F}x)(t) = x_o + \int_o^t f(s,x(s))ds$ definiert.

Diese Feststellung bedeutet natürlich nicht, daß endliche Gleichungssysteme von sekundärer Bedeutung sind. Da $Fx = y$, von sehr einfachen
Sonderfällen abgesehen, nicht explizit lösbar ist, hat man Näherungs-
gleichungen $F_n x = y_n$ zu betrachten, die in der Mehrzahl der numerisch
effektiven Verfahren endliche Gleichungssysteme darstellen. Es ist dann
(z.B. mit Hilfe des Abbildungsgrades) zu zeigen, daß $F_n x = y_n$ eine Lösung x_n hat und (x_n) gegen eine Lösung von $Fx = y$ konvergiert. Unter
diesem Blickwinkel behandeln wir $Fx = y$ im sechsten Kapitel. Selbst
wenn man nur diesen rein praktischen Standpunkt einnimmt, ist es sehr
nützlich, unmittelbare Kriterien für die Lösbarkeit von $Fx = y$ zu haben. Bei vielen Näherungsverfahren ist nämlich der Konvergenzbeweis
$(x_n \to x \in F^{-1}(y))$ wesentlich einfacher, wenn die Existenz einer Lösung
bekannt ist, also nicht mitbewiesen werden muß.

Wir betrachten in diesem Kapitel Gleichungen in normierten Räumen. Da
der Abbildungsgrad bei endlichen Gleichungssystemen - oder anders ausgedrückt: bei der Untersuchung stetiger Abbildungen des R^n in sich -
wertvolle Dienste leistet, erscheint es wünschenswert, die Lösbarkeit

dieser allgemeineren Gleichungen durch einen entsprechenden Begriff beschreiben zu können. Vergegenwärtigt man sich die Schlußweisen des vorhergehenden Kapitels, so stellt man fest, daß wir an entscheidenden Stellen die Kompaktheit der abgeschlossenen beschränkten Mengen des R^n verwendet haben. Da diese Charakterisierung kompakter Mengen in unendlichdimensionalen Räumen nicht gilt (Satz 2.1) , ist zu vermuten, daß für die Übertragung der Ergebnisse aus Kap. 2 die Stetigkeit von F nicht ausreicht. Wir bestätigen dies durch ein Beispiel, das zeigt, daß der Fixpunktsatz von Brouwer falsch ist, wenn man in ihm den R^n durch einen normierten Raum X mit dim X = ∞ ersetzt.

<u>Beispiel</u>. Es sei $X = c_o$ (vgl. § 4.I) , $\Omega = K_1(0)$ und $F: \overline{\Omega} \to X$ durch

$$Fx = \frac{1}{2}(1+|x|)e_1 + \sum_{i \geq 1} x_i(1-2^{-i-1})e_{i+1}$$

definiert. Man rechnet leicht nach, daß $|Fx| \leq 1$ und $|Fx - Fx'| < |x-x'|$ für $x \neq x'$ gilt. F ist also eine stetige Abbildung von $\overline{\Omega}$ in sich. Aus $x = Fx$ folgt $x_1 = \frac{1}{2}(1+|x|)$ und $x_n = x_1 \cdot \prod_{i=1}^{n}(1-2^{-i-1})$, folglich $|x| = 1$ und $x_n \geq 2(1 - \sum_{i=1}^{n} 2^{-i-1}) \geq 1$ für jedes $n \in \mathbb{N}$ (vollständige Induktion!), d.h. $x \notin c_o$. Daher hat F keinen Fixpunkt in $\overline{K}_1(0)$.

Da wir den Fixpunktsatz von Brouwer für $\overline{K}_1(0)$ allein mit den Eigenschaften (1)-(3) aus Satz 8.1 bewiesen haben, läßt sich also nicht in jedem Raum X mit dim X = ∞ für die Klasse der stetigen Operatoren ein "Abbildungsgrad" mit den Eigenschaften aus Satz 8.1 erklären. J. Leray und J. Schauder [37] haben jedoch 1934 gezeigt, daß dieses für die kleinere Klasse der "kompakten Störungen der Identität" , d.h. für Operatoren der Form $F = I - F_o$ mit "kompaktem" F_o möglich ist; dabei heißt F_o kompakt, wenn F_o stetig ist und beschränkte Mengen auf relativ kompakte Mengen abbildet. Da sich die Kompaktheitsschlüsse aus Kap. 2 auf solche Operatoren übertragen lassen, ist das Ergebnis naheliegend. Es sei jedoch betont, daß diese Klasse nicht aus "beweistechnischen Gründen" eingeführt wurde, sondern weil sie für zahlreiche Anwendungen fett genug ist.
Im ganzen Kapitel ist, wenn nichts anderes geschrieben steht, X ein reeller normierter Raum und I die Identität auf X .

§ 14. KOMPAKTE OPERATOREN

Definition 1. Es seien X,Y normierte Räume und Ω eine Teilmenge von X .
Ein Operator F: $\Omega \to Y$ heißt **kompakt** , wenn F stetig ist und beschränkte
Teilmengen von Ω auf relativ kompakte Mengen abbildet. F heißt **endlich-**
dimensional , wenn $F(\Omega)$ in einem endlichdimensionalen Unterraum von Y
liegt. $\mathcal{R}(\Omega,Y)$ bezeichnet die Klasse der kompakten Operatoren und
$\mathcal{F}(\Omega,Y)$ die Klasse aller kompakten endlichdimensionalen Operatoren von
Ω nach Y . Es ist $\mathcal{R}(\Omega) := \mathcal{R}(\Omega,X)$ und $\mathcal{F}(\Omega) := \mathcal{F}(\Omega,X)$.

Für lineare Operatoren L: $X \to Y$ ist die Stetigkeitsvoraussetzung in
Def. 1 überflüssig, denn bildet L beschränkte auf relativ kompakte
Mengen ab, so ist L insbesondere beschränkt, also auch stetig. Ist
$L \in \mathcal{L}(X,Y)$ endlichdimensional, so ist L schon aus $\mathcal{F}(X,Y)$, denn L bildet beschränkte Mengen auf beschränkte Mengen eines endlichdimensiona-
len Raumes, also auf relativ kompakte Mengen ab. Hat man jedoch einen
nichtlinearen Operator, so ist klar, daß er diese erste Eigenschaft linearer Operatoren i.a. nicht hat (z.B. $F(x) = \phi(x)x_o$, mit $x_o \neq 0$ fixiert, $\phi(x_o) = 1$ und $\phi(x) = 0$ für $x \neq x_o$) . Daß auch die zweite Eigenschaft den nichtlinearen Operatoren i.a. nicht zukommt, zeigt das

Beispiel 1. Es sei dim X = ∞ . Nach Satz 2.1 existiert eine Folge
$(x_n) \subset \partial K_1(0)$ mit $|x_n - x_m| \geq 1$ für $n \neq m$. Sei

$$\phi(x) = \begin{cases} k(1-2|x-x_k|) & \text{für } x \in \overline{K}_{1/2}(x_k) \\ 0 & \text{sonst} \end{cases}$$

Das Funktional ϕ ist offensichtlich stetig auf X , aber nicht beschränkt auf $K_2(0)$. Damit ist F , definiert durch $Fx = \phi(x)x_1$, stetig
mit dim $F(X) = 1$, jedoch $F \notin \mathcal{F}(K_2(0))$.

Wir zeigen nun unter anderem, daß (für beschränktes $\Omega \subset X$) der Raum
$\mathcal{F}(\Omega,Y)$ in $\mathcal{R}(\Omega,Y)$ bzgl. gleichmäßiger Konvergenz dicht liegt. Hierfür
beweisen wir zunächst den

Hilfssatz 1. Ist $\Omega \subset X$ kompakt, so existieren zu $\epsilon > 0$ ein Unterraum
$X_\epsilon \subset X$ mit dim $X_\epsilon < \infty$ und eine stetige Abbildung $P_\epsilon: \Omega \to X_\epsilon$ mit $|P_\epsilon x - x|$
$\leq \epsilon$ für alle $x \in \Omega$.

Beweis. Da Ω kompakt ist, existieren zu $\epsilon > 0$ Punkte $x_1,\ldots,x_p \in \Omega$ mit
$\Omega \subset \bigcup_{i=1}^{p} K_\epsilon(x_i)$. Die Funktionale $\phi_i(x) = \max\{0, \epsilon - |x-x_i|\}$ sind auf X ste-

tig, und es ist $\sum\limits_{i=1}^{p} \phi_i(x) > 0$ auf Ω . Damit sind auch die $\lambda_i : \Omega \to R^1$,

definiert durch $\lambda_i(x) = \left(\sum\limits_{i=1}^{p} \phi_i(x)\right)^{-1} \phi_i(x)$, stetig. Für X_ε nehmen wir

nun den von $x_1,\ldots,x_p$ aufgespannten Unterraum, und wir setzen

$$P_\varepsilon x = \sum_{i=1}^{p} \lambda_i(x)x_i \qquad \text{(für } x \in \Omega \text{)} \ .$$

Es ist $P_\varepsilon(\Omega) \subset X_\varepsilon$, und aus $\sum\limits_{i=1}^{p} \lambda_i(x) = 1$ auf Ω und $\lambda_i(x) = 0$ für
$x \notin K_\varepsilon(x_i)$ folgt

$$|P_\varepsilon x - x| = \Big|\sum_{i=1}^{p} \lambda_i(x)x_i - \sum_{i=1}^{p} \lambda_i(x)x\Big| \le \sum_1^p \lambda_i(x)|x-x_i| \le \varepsilon \ .$$

q.e.d.

<u>Satz 1</u>. Es sei $\Omega \subset X$ beschränkt. Dann gilt
(a) Ist $F \in \mathcal{R}(\Omega,Y)$, so existiert zu jedem $\varepsilon > 0$ ein $F_\varepsilon \in \mathcal{F}(\Omega,Y)$ mit
    $\sup\limits_{\Omega} |Fx - F_\varepsilon x| \le \varepsilon$.

(b) Ist Y ein B-Raum, so gilt auch die Umkehrung von (a)..

(c) Ein Operator $F: \Omega \to X$ der Form $F = I-F_o$ mit $F_o \in \mathcal{R}(\Omega)$ bildet abge-
    schlossene Teilmengen von Ω auf abgeschlossene Mengen ab ; ist Ω
    abgeschlossen und $M \subset X$ kompakt, so ist $F^{-1}(M)$ kompakt.

<u>Beweis</u>. (a) Da $\overline{F(\Omega)}$ kompakt ist, existieren nach Hilfssatz 1 zu $\varepsilon > 0$
ein Unterraum $Y_\varepsilon \subset Y$ mit dim $Y_\varepsilon < \infty$ und ein $P_\varepsilon : \overline{F(\Omega)} \to Y_\varepsilon$ mit $|P_\varepsilon y - y| \le \varepsilon$
auf $\overline{F(\Omega)}$. Damit hat $F_\varepsilon := P_\varepsilon \circ F$ die verlangten Eigenschaften.
(b) Es sei Y vollständig, $(F_n) \subset \mathcal{F}(\Omega,Y)$ und $\sup\limits_{\Omega} |F_n x - Fx| \to 0$ für $n \to \infty$.

Wegen der gleichmäßigen Konvergenz ist dann F stetig auf Ω . Angenommen, (Fx_n) mit $(x_n) \subset \Omega$ hat keine konvergente Teilfolge, also auch kei-
ne Cauchy-Teilfolge; dann können wir o.B.d.A. $|Fx_n - Fx_m| \ge \alpha$ für ein
$\alpha > 0$ und alle $n,m \ge 1$ mit $n \ne m$ annehmen. Andererseits existiert ein
$p \in \mathbb{N}$ mit $\beta = \sup\limits_{\Omega} |F_p x - Fx| < \alpha/4$, d.h. insbesondere $|F_p x_n - F_p x_m| \ge$
$\alpha - 2 \cdot \alpha/4 = \alpha/2$ für alle $m,n \in \mathbb{N}$, in Widerspruch zur Tatsache, daß
$(F_p x_n)$ wegen $F_p \in \mathcal{F}(\Omega,Y)$ eine konvergente Teilfolge hat.
(c) Es sei $A \subset \Omega$ abgeschlossen und $(y_n) = (Fx_n)$ eine Folge mit $y_n \to y$
für $n \to \infty$. Da $F_o \in \mathcal{R}(A)$ ist, existieren eine Teilfolge $(x_{n_k}) \subset A$ und
ein $z \in X$ mit $F_o x_{n_k} \to z$ für $k \to \infty$; damit haben wir $x_{n_k} = F_o x_{n_k} + y_{n_k}$
$\to y+z =: x \in A$, folglich $Fx_{n_k} \to Fx$, d.h. $y = Fx \in F(A)$.
Nun sei M kompakt und $(x_n) \subset F^{-1}(M)$. Damit hat $(y_n) = (Fx_n)$ eine kon-

vergente Teilfolge y_{n_k} , etwa $y_{n_k} \to y$ für $k \to \infty$. Nach dem gerade Bewiesenen - mit $A = A^{-1}(M)$ - hat somit (x_{n_k}) eine Teilfolge (x'_{n_k}) mit $x'_{n_k} \to x$ für ein $x \in F^{-1}(M)$.

q.e.d.

<u>Satz 2</u>. Es seien X,Y B-Räume, $\Omega \subset X$ offen, $F \in \mathcal{R}(\Omega,Y)$ und F differenzierbar in $x_o \in \Omega$. Dann ist $F'(x_o) \in \mathcal{R}(X,Y)$.

<u>Beweis</u>. Da F stetig ist, haben wir $F'(x_o) \in \mathcal{L}(X,Y)$ nach Satz 3.1 . Angenommen, $F'(x_o)$ ist nicht kompakt. Dann existiert eine beschränkte Folge $(h_i) \subset X$, so daß $(F'(x_o)h_i)$ keine konvergente Teilfolge hat. Wir können daher o.B.d.A. $|h_i| = 1$ und $|F'(x_o)(h_i - h_j)| \geq \alpha$ für ein $\alpha > 0$ und alle i,j mit $i \neq j$ annehmen. Andererseits existiert zu α ein $\delta_o > 0$, so daß

$$|F(x_o + h) - F(x_o) - F'(x_o)h| \leq \alpha |h|/3 \quad \text{für} \quad |h| \leq \delta_o$$

gilt. Wir wählen $\delta \leq \delta_o$ derart, daß $\overline{K}_\delta(x_o) \subset \Omega$ ist und haben für $i \neq j$

$$|F(x_o + \delta h_i) - F(x_o + \delta h_j)| \geq |F'(x_o)(\delta h_i - \delta h_j)| - 2\alpha\delta/3 \geq \alpha\delta/3 ,$$

in Widerspruch zur Tatsache, daß $(F(x_o + \delta h_i))$ eine konvergente Teilfolge hat, da $(x_o + \delta h_i)$ beschränkt und $F \in \mathcal{R}(\overline{K}_\delta(x_o))$ ist.

q.e.d.

Das folgende Beispiel zeigt, daß die Umkehrung von Satz 2 nicht richtig ist.

<u>Beispiel 2</u>. Wir betrachten $X = c_o$, den B-Raum der reellen Nullfolgen, und setzen $Fx = \sum_{i \geq 1} x_i^2 e_i$ für $x = \sum_{i \geq 1} x_i e_i$. Da $|Fx - F\overline{x}| \leq (|x| + |\overline{x}|)|x - \overline{x}|$ gilt, ist $F: X \to X$ stetig. F ist jedoch nicht aus $\mathcal{R}(\overline{K}_1(0))$, denn es ist $|Fe_i - Fe_j| = 1$ für $i \neq j$. Andererseits haben wir $F'(x)h = 2 \sum_{i \geq 1} x_i h_i e_i$. Aus $|h| \leq c$ folgt also $|(F'(x)h)_i| \leq 2c|x_i| \to 0$, gleichmäßig bzgl. h , d.h. $F'(x)$ bildet beschränkte Mengen von c_o auf relativ kompakte ab (vgl. 4.I.) ; außerdem ist $F'(x) \in \mathcal{L}(X)$, insgesamt also $F'(x) \in \mathcal{R}(X)$ für alle $x \in X$.

Aus dem allgemeinen Fortsetzungssatz für stetige Operatoren (Satz 6.1) folgt insbesondere der

<u>Satz 3</u>. Es sei $A \subset X$ abgeschlossen und beschränkt, Y ein B-Raum und $F \in \mathcal{R}(A,Y)$. Dann existiert eine Fortsetzung $\tilde{F} \in \mathcal{R}(X,Y)$ mit $\tilde{F}(X) \subset \text{konv}(F(A))$.

Beweis. Nach dem Beweis von Satz 6.1 ist $\tilde{F}$: $X \to Y$, definiert durch

$$(*) \qquad \tilde{F}x = \begin{cases} Fx & \text{für } x \in A \\ \sum_\lambda \phi_\lambda(x) Fa_\lambda & \text{für } x \notin A \end{cases} ,$$

eine stetige Fortsetzung auf X mit $\tilde{F}(X) \subset \text{konv}(F(A))$, und nach Satz 1 existiert zu jedem $\epsilon > 0$ ein $F_\epsilon \in \mathcal{F}(A,Y)$ mit $\sup_A |F_\epsilon x - Fx| \le \epsilon$. Wir setzen F_ϵ gemäß $(*)$ (mit F_ϵ anstelle von F) fort zu $\tilde{F}_\epsilon$. $\tilde{F}_\epsilon(X)$ ist in einem endlichdimensionalen Unterraum von Y enthalten, und es ist

$$|\tilde{F}_\epsilon x| \le \sum_\lambda \phi_\lambda(x) |F_\epsilon a_\lambda| \le \Big(\sum_\lambda \phi_\lambda(x)\Big) \sup_A |F_\epsilon a| = \sup_A |F_\epsilon a| < \infty$$

für alle $x \in X$. Damit haben wir $\tilde{F}_\epsilon \in \mathcal{F}(X,Y)$ und $\sup_X |\tilde{F}_\epsilon x - \tilde{F}x| \le \epsilon$, d.h. $\tilde{F} \in \mathcal{R}(X,Y)$ nach Satz 1 (b) .

q.e.d.

§ 15. DER ABBILDUNGSGRAD IN ENDLICHDIMENSIONALEN NORMIERTEN RÄUMEN

Es sei X ein reeller normierter Raum mit dim $X = n$ und $\{x^1,\ldots,x^n\}$ eine Basis für X . Dann ist jedes $x \in X$ von der Form $x = \sum_{i=1}^n \alpha_i(x)x^i$, mit $\alpha_i \in X^*$ für $i = 1,\ldots,n$. Wir wählen im R^n wieder die Basis $\{e^1,\ldots,e^n\}$ und setzen $h\Big(\sum_{i=1}^n \alpha_i(x)x^i\Big) := \sum_{i=1}^n \alpha_i(x)e^i$. Die Abbildung h ist ein Homeomorphismus von X auf R^n . Ist also $\Omega \subset X$ offen und beschränkt, $F: \overline{\Omega} \to X$ stetig und $y \in X \setminus F(\partial\Omega)$, so ist $h(\Omega)$ offen und beschränkt , $f = hFh^{-1}: \overline{h(\Omega)} = h(\overline{\Omega}) \to R^n$ stetig und $h(y) \notin f(\partial h(\Omega))$, folglich $d(f,h(\Omega),h(y))$ definiert.

Ist $\{\hat{x}^1,\ldots,\hat{x}^n\}$ ebenfalls eine Basis für X , und definiert man entsprechend $\hat{h}: X \to R^n$ durch $\hat{h}\Big(\sum_{i=1}^n \beta_i(x)\hat{x}^i\Big) := \sum_{i=1}^n \beta_i(x)e^i$, so hat man $h = A\hat{h}$ mit $A = \big(\alpha_i(\hat{x}^j)\big)$ und det $A \neq 0$, folglich $g := A^{-1}fA$ anstelle von f , und somit $d(g,\hat{h}(\Omega),\hat{h}(y)) = d(f,h(\Omega),h(y))$ (vgl. § 13. IV) . Diese Überlegung ermöglicht die

Definition 1. Es sei X ein reeller normierter Raum mit dim $X = n$, $\Omega \subset X$ offen und beschränkt, $F: \overline{\Omega} \to X$ stetig und $y \notin F(\partial\Omega)$. Dann nennen wir $d(F,\Omega,y) := d(f,h(\Omega),h(y))$ den Abbildungsgrad von F über Ω bzgl. y ; dabei ist h der durch eine Basis $\{x^1,\ldots,x^n\}$ von X und die Basis $\{e^1,\ldots,e^n\}$ von R^n gemäß $h(x^i) = e^i$ $(i = 1,\ldots,n)$ erklärte lineare Homeomorphismus von X auf R^n und $f = hFh^{-1}$.

Offensichtlich ändert sich $d(F,\Omega,y)$ nicht, wenn man sich anstelle von
$\{e^1,\ldots,e^n\}$ auf eine andere Basis $\{\hat{e}^1,\ldots,\hat{e}^n\}$ des R^n bezieht.
Sind nun X und Y reelle normierte Räume derselben Dimension n ,
$\{x^1,\ldots,x^n\}$ eine Basis für X und $\{y^1,\ldots,y^n\}$ eine Basis für Y , h bzw.
$\tilde{h}$ der durch $h(x^i) = e^i$ bzw. $\tilde{h}(y^i) = e^i$ (i = 1,...,n) definierte lineare
Homeomorphismus von X auf R^n bzw. Y auf R^n , $\Omega \subset X$ und F eine Abbildung
von Ω in Y , dann entspricht F im R^n die Abbildung $f = \tilde{h}Fh^{-1}: h(\Omega) \to R^n$;
bei Basiswechsel $h = A\hat{h}$ bzw. $\tilde{h} = B\overline{h}$ erhält man also $g = B^{-1}fA$ anstelle
von f , und somit

$$d(g,\hat{h}(\Omega),\overline{h}(y)) = \mathrm{sgn}[\det A \cdot \det B] \cdot d(f,h(\Omega),\tilde{h}(y)) \ .$$

Die für die Tripel (F,Ω,y) - mit $\Omega \subset X$ offen und beschränkt, $F: \overline{\Omega} \to Y$
stetig und $y \in Y \setminus F(\partial\Omega)$ - sinnvolle Definition $d(F,\Omega,y):=d(\tilde{h}Fh^{-1},h(\Omega),\tilde{h}(y))$
hängt also i.a. von der Wahl der Basen in X und Y ab, d.h. man muß in
X und Y eine Basis auszeichnen, oder anders ausgedrückt: man muß X und
Y orientieren.
Aus der Def. 1 folgt sofort, daß alle in Kap. 2 genannten Eigenschaften
von d erhalten bleiben.

§ 16. DEFINITION UND EIGENSCHAFTEN DES LERAY-SCHAUDER-GRADES

Wir betrachten einen reellen normierten Raum X , eine offene beschränk-
te Menge $\Omega \subset X$, einen Operator $F = I-F_o$ mit $F_o \in \mathcal{R}(\overline{\Omega})$ und einen Punkt
$y \notin F(\partial\Omega)$.
Nach Satz 14.1 ist $F(\partial\Omega)$ abgeschlossen, also auch $\alpha := \rho(y,F(\partial\Omega)) > 0$.
Nach Satz 14.1 existiert daher ein $F_1 \in \mathcal{F}(\overline{\Omega})$ mit $\sup_{\overline{\Omega}}|F_1 x - F_o x| < \alpha$,
d.h. insbesondere $y \notin (I-F_1)(\partial\Omega)$. Nun sei X_1 ein Unterraum von X mit
$\dim X_1 < \infty$, $F_1(\overline{\Omega}) \subset X_1$, $y \in X_1$ und $\Omega \cap X_1 \neq \emptyset$. Damit ist $\Omega_1 = \Omega \cap X_1$
offen und beschränkt in X_1 , $(I-F_1)(\overline{\Omega}_1) \subset X_1$ und $y \notin (I-F_1)(\partial\Omega_1)$, d.h.
$d((I-F_1)|_{\overline{\Omega}_1},\Omega_1,y)$ gemäß § 15 definiert. Wir zeigen, daß diese ganze
Zahl nicht von F_1 und X_1 mit den genannten Eigenschaften abhängt.
Ist $F_2 \in \mathcal{F}(\overline{\Omega})$, $\sup_{\overline{\Omega}}|F_2 x - F_o x| < \alpha$ und X_2 entsprechend X_1 gewählt, so
sei X_o der von X_1 und X_2 aufgespannte Unterraum. Mit $\Omega_o = \Omega \cap X_o$ erhal-
ten wir nach Satz 8.2 zunächst

$$(*) \qquad d((I-F_i)|_{\overline{\Omega}_o},\Omega_o,y) = d((I-F_i)|_{\overline{\Omega}_i},\Omega_i,y) \qquad \text{für } i = 1,2 \ .$$

Nun definieren wir H: $[0,1]\times\overline{\Omega}_o \to X_o$ durch $H(t,x) = t(x-F_1 x)+(1-t)(x-F_2 x)$
und haben $|H(t,x) - Fx| < \alpha$, insbesondere $y \neq H(t,x)$ auf $[0,1]\times\partial\Omega_o$,
da $\partial\Omega_o \subset \partial\Omega$ gilt. Nach Satz 8.1 ist also

$$d((I-F_1)|_{\overline{\Omega}_o},\Omega_o,y) = d((I-F_2)|_{\overline{\Omega}_o},\Omega_o,y) \ ;$$

hiermit folgt aus (*) die Behauptung. Diese Vorbetrachtung ermöglicht die

<u>Definition 1</u>. Es sei X ein reeller normierter Raum, $\Omega \subset X$ offen und beschränkt, $F_o \in \mathcal{R}(\overline{\Omega})$, $F = I-F_o$ und $y \notin F(\partial\Omega)$. Dann erklären wir den Leray-Schauder-Grad ("LS-Grad") von F über Ω bzgl. y durch $D(F,\Omega,y) :=$ $d((I-F_1)|_{\overline{\Omega}_1},\Omega_1,y)$; dabei ist $F_1 \in \mathcal{F}(\overline{\Omega})$ mit $\sup_{\overline{\Omega}}|F_1 x - F_o x| < \rho(y,F(\partial\Omega))$, $\Omega_1 = \Omega \cap X_1$ und X_1 ein Unterraum von X mit dim $X_1 < \infty$, $y \in X_1$, $F_1(\overline{\Omega}) \subset X_1$ und $\Omega \cap X_1 \neq \emptyset$.

Wir zeigen nun, daß sich alle Eigenschaften aus Satz 8.1 auf den LS-Grad übertragen lassen. Hierbei nennen wir einen Operator $H_o \in \mathcal{R}([0,1]\times A)$ eine <u>kompakte Homotopie</u> auf $A \subset X$.

<u>Satz 1</u>. Es sei X ein reeller normierter Raum und M = $\{(F,\Omega,y):\Omega \subset X$ offen und beschränkt, $F = I-F_o$ mit $F_o \in \mathcal{R}(\overline{\Omega})$, $y \notin F(\partial\Omega)\}$. Dann hat der gemäß Def.1 erklärte LS-Grad D: M $\to$ **Z** folgende Eigenschaften

(1) $D(I,\Omega,y) = 1$ für $y \in \Omega$ und $D(I,\Omega,y) = 0$ für $y \notin \overline{\Omega}$.

(2) Ist $D(F,\Omega,y) \neq 0$, so existiert ein $x \in \Omega$ mit $Fx = y$.

(3) Ist H_o eine kompakte Homotopie auf $\overline{\Omega}$, $H = I-H_o$ und $y \notin H([0,1]\times\partial\Omega)$, dann ist $D(H(t,\cdot),\Omega,y)$ unabhängig von t .

(4) Für alle $G = I-G_o$ mit $G_o \in \mathcal{R}(\overline{\Omega})$ und $\sup_{\overline{\Omega}}|F_o x - G_o x| < \rho(y,F(\partial\Omega))$ ist

$\qquad D(G,\Omega,y) = D(F,\Omega,y)$.

(5) $D(F,\Omega,\cdot)$ ist auf jeder Komponente von $X \setminus F(\partial\Omega)$ konstant.

(6) Ist $\Omega \supset \bigcup_{i=1}^{m} \Omega_i$, $\overline{\Omega} = \bigcup_{1}^{m} \overline{\Omega}_i$, Ω_i offen, $\Omega_i \cap \Omega_j = \emptyset$ für $i \neq j$ und

$\qquad y \notin \bigcup_{i=1}^{m} F(\partial\Omega_i)$, dann ist $D(F,\Omega,y) = \sum_{i=1}^{m} D(F,\Omega_i,y)$.

(7) Für $G = I-G_o$ mit $G_o \in \mathcal{R}(\overline{\Omega})$ und $G_o x = F_o x$ für jedes $x \in \partial\Omega$ ist

$\qquad D(G,\Omega,y) = D(F,\Omega,y)$.

(8) Ist $\Omega^* \subsetneq \overline{\Omega}$ abgeschlossen und $y \notin F(\Omega^*)$, dann ist $D(F,\Omega,y) = D(F,\Omega \setminus \Omega^*,y)$.

(9) Es ist $D(F,\Omega,y) = 0$ für $y \notin F(\overline{\Omega})$ und $D(F,\Omega,y) = D(F(\cdot)-y,\Omega,0)$ für alle $y \notin F(\partial\Omega)$.

<u>Beweis</u>. Die einzelnen Teile beweist man nach dem Schema des Beweises zu Satz 8.1 , indem man nun anstelle der C^2-Approximationen die endlichdimensionalen Operatoren aus Def. 1 verwendet. Wir beschränken uns

deshalb auf den Nachweis von (2) und (3).

(2) Es sei (F_n) eine Folge aus $\mathcal{F}(\overline{\Omega})$ mit $\varepsilon_n := \sup_{\overline{\Omega}}|F_n x - F_o x| \to 0$ für
$n \to \infty$. Nach Def. 1 ist dann $d(I-F_n)|_{\overline{\Omega}_n},\Omega_n,y) \neq 0$ für alle n , die
größer als ein gewisses n_o sind. Für diese n existiert also ein $x_n \in \Omega_n \subset \Omega$
mit $x_n - F_n x_n = y$. Damit haben wir $|F x_n - y| \leq \varepsilon_n \to 0$ für $n \to \infty$, folglich
$y \in F(\overline{\Omega})$, da $F(\overline{\Omega})$ nach Satz 14.1 abgeschlossen ist, d.h. $y = Fx$ für ein
$x \in \Omega$.

(3) Da $H([0,1] \times \partial\Omega)$ abgeschlossen ist, haben wir $\alpha := \rho(y,H([0,1] \times \partial\Omega)) > 0$.
Nach Satz 14.1 existiert ein $H_1 \in \mathcal{F}([0,1] \times \overline{\Omega})$ mit
$$\sup\{|H_1(t,x) - H_o(t,x)| : (t,x) \in [0,1] \times \overline{\Omega}\} < \alpha .$$
Nach Def. 1 ist also $D(H(t,\cdot),\Omega,y) = d((I-H_1(t,\cdot))|_{\overline{\Omega}_1},\Omega_1,y)$, und diese
Zahl ist nach Satz 8.1 unabhängig von t .

q.e.d.

Der folgende Satz ist eine sinngemäße Übertragung der Reduktionseigen-
schaft (Satz 8.2) .

<u>Satz 2</u>. Es sei V ein abgeschlossener Unterraum von X , $\Omega \subset X$ offen und
beschränkt, $\Omega \cap V \neq \emptyset$, $F_o: \overline{\Omega} \to V$ kompakt, $F = I-F_o$, $y \in V$ und $y \notin F(\partial\Omega)$.
Dann ist
$$D(F,\Omega,y) = D(F|_{\overline{\Omega} \cap V},\Omega \cap V,y) .$$

<u>Beweis</u>. Es ist $\alpha := \rho(y,F(\partial\Omega)) > 0$. Wir betrachten $F_1 = P_{\alpha/2} \circ F_o \in \mathcal{F}(\overline{\Omega})$
(vgl. Beweis von Satz 14.1(a)) und einen Unterraum X_1 von X mit dim X_1
$< \infty$, $F_1(\overline{\Omega}) \subset X_1$, $y \in X_1$ und $V \cap \Omega \cap X_1 \neq \emptyset$. Nach Def. 1 ist also zunächst
$D(F,\Omega,y) = d(F^*|_{\overline{\Omega}_1},\Omega_1,y)$, mit $F^* = I-F_1$. Da sogar $F_1(\overline{\Omega}) \subset V \cap X_1$ gilt,
haben wir $d(F^*|_{\overline{\Omega}_1},\Omega_1,y) = d(F^*|_{\overline{\Omega}_1 \cap V},\Omega_1 \cap V,y)$ nach Satz 8.2 . Aus $\partial(\Omega \cap V)$
$\subset \partial\Omega$ folgt $\sup_{\overline{\Omega} \cap V}|F_1 x - F_o x| < \rho(y,F(\partial(\Omega \cap V)))$, d.h. nach Def. 1 (mit V
für X , $\Omega \cap V$ für Ω und $X_1 \cap V$ für X_1)
$$D(F|_{\overline{\Omega} \cap V},\Omega \cap V,y) = d(F^*|_{\overline{\Omega}_1 \cap V},\Omega_1 \cap V,y) .$$

q.e.d.

Die wichtigste Methode zur Berechnung des LS-Grads ist, genau wie im
Endlichdimensionalen, seine Homotopieinvarianz (Satz 1(3)) . In Anwendungen ging man bisher meist wie folgt vor:
Ist beispielsweise die Gleichung $x - F_o x = y$ zu lösen, so sucht man zunächst X derart, daß $F_o \in \mathcal{R}(X)$ ist; dann eine kompakte Homotopie H_o ,
so daß z.B. $H_o(1,\cdot) = F_o$ gilt, eine von t unabhängige Schranke $c > 0$
für die Lösungen der Gleichungen $x - H_o(t,x) = y$ existiert (d.h. $|x| \leq c$,

falls x für irgendein $t \in [0,1]$ Lösung ist) und $D(I-H_o(t,\cdot),K_r(\mathfrak{J}),y) \neq 0$ für ein $t \in [0,1]$ und ein $r > c$ gilt. Nach (3) und (2) hat dann $x-F_o x = y$ mindestens eine Lösung. Am häufigsten wurde $H_o(t,\cdot) = tF_o$ verwendet. Für diesen Spezialfall hat H. Schäfer [55] den eben geschilderten Existenzbeweis ohne Verwendung des LS-Grads geführt. Während die Wahl von X und F_o i.a. durch das gegebene Problem nahegelegt wird, ist die Bestimmung von a priori Schranken oft schwierig. Betrachten wir ein einfaches

<u>Beispiel</u>. Das Anfangswertproblem für ein System gewöhnlicher Differentialgleichungen

$$(*) \qquad x' = f(t,x) \qquad \text{für} \quad t \in J = [0,a] \quad , \quad x(0) = x_o$$

hat mindestens eine Lösung, wenn $f: J \times R^n \to R^n$ stetig ist und $|f(t,x)| \leq M(1+|x|)$ auf $J \times R^n$ gilt (für ein $M > 0$) .
Um diesen Satz zu beweisen, schreiben wir (*) als Integralgleichungssystem

$$(**) \qquad x(t) = x_o + \int_o^t f(\tau,x(\tau))d\tau \quad .$$

Genügt nun die stetige Funktion $x: J \to R^n$ dem System (**) , so ist x stetig differenzierbar in J und erfüllt (*) . Es ist also nur zu zeigen, daß (**) eine stetige Lösung hat. Hierzu ist es natürlich, $X = C(J)$ mit $|x| = \max_J |x(t)|$ zu betrachten und $F_o: X \to X$ durch

$$(F_o x)(t) = x_o + \int_o^t f(\tau,x(\tau))d\tau$$

zu erklären. H_o setzen wir in der Form $H_o(s,x) = sF_o x$ an, und da Lösungen von $x-F_o x = 0$ gesucht sind, haben wir $y = 0$. Mit Hilfe von Satz 4.2 sieht man leicht ein, daß $F_o \in \mathcal{R}(X)$ und $H_o \in \mathcal{R}([0,1] \times X)$ gilt. Wir kümmern uns nun um eine a priori Schranke:
Angenommen, $x \in X$ genügt $x-H_o(s,x) = 0$ für ein $s \in [0,1]$. Dann ist

$$|x(t)| \leq |x_o| + \int_o^t |f(\tau,x(\tau))|d\tau \leq |x_o| + M \cdot \int_o^t (1+|x(\tau)|)d\tau$$

$$\leq c_1 + M \cdot \int_o^t |x(\tau)|d\tau =: \phi(t) \quad , \quad \text{mit } c_1 = |x_o| + M \cdot a \ .$$

Es ist $\phi'(t) = M \cdot |x(t)| \leq M\phi(t)$, folglich $[\phi(t)e^{-Mt}]' \leq 0$, und somit $\phi(t)e^{-Mt} \leq \phi(0) = c_1$ für $t \in J$, insgesamt also $|x| \leq c_1 e^{Ma} =: c$. Für $r > c$ ist daher $D(I-F_o,K_r(0),0) = D(I,K_r(0),0) = 1$, d.h. (**) hat mindestens eine stetige Lösung.

§ 17. EIGENWERTE KOMPAKTER OPERATOREN

Wir beweisen mit Hilfe der Homotopieinvarianz des LS-Grades einen Satz
über die Existenz von Eigenwerten nichtlinearer Operatoren auf unendlichdimensionalen B-Räumen. Dabei heißt eine Zahl λ (wie im linearen
Fall) Eigenwert eines Operators $T: \Omega \to X$, wenn es ein $x \neq 0$ aus Ω
gibt, so daß $Tx = \lambda x$ gilt ; x heißt dann ein zu λ gehörender Eigenvektor von T .

__Satz 1.__ Es sei X ein reeller B-Raum mit dim $X = \infty$, $\Omega \subset X$ offen und be-
schränkt mit $0 \in \Omega$, $F_o \in \mathcal{R}(\partial\Omega)$ und $\inf\limits_{\partial\Omega}|F_o x| > 0$. Dann hat F_o einen
positiven und einen negativen Eigenwert.

__Beweis.__ Es sei $S = \partial K_1(0)$. Mit $F_o \in \mathcal{R}(\partial\Omega)$ und $\rho(0,F_o(\partial\Omega)) > 0$ folgt,
daß $F: \partial\Omega \to S$, definiert durch $Fx = -|F_o x|^{-1}F_o x$, aus $\mathcal{R}(\partial\Omega)$ ist; nach
Satz 14.3 können wir also o.B.d.A. $F \in \mathcal{R}(\overline{\Omega})$ annehmen. Da $\overline{F(\partial\Omega)} \subset S$ kom-
pakt und S nicht kompakt ist, existieren ein $y_o \in S$ und ein $\varepsilon > 0$ mit
$\overline{F(\partial\Omega)} \cap \overline{K}_\varepsilon(y_o) = \emptyset$. Außerdem existiert ein $c > 0$ mit $|x| < c$ für alle
$x \in \overline{\Omega}$.
Nun sei $F(\lambda,x) = x+\lambda Fx$ für $x \in \overline{\Omega}$ und $\lambda > 0$. Die Menge $F(\lambda_o,\partial\Omega)$ schnei-
det für $\lambda_o > 2c/\varepsilon$ den Halbstrahl $\{\mu y_o : \mu \geq 0\}$ nicht, denn aus $\mu y_o =$
$x+\lambda_o Fx$ mit $\mu \geq 0$ und $x \in \partial\Omega$ folgt der Widerspruch

$$c > |x| = |\mu y_o - \lambda_o Fx| \geq |\mu|y_o| - \lambda_o|Fx|| = |\mu-\lambda_o| =$$

$$= |(\mu-\lambda_o)y_o| \geq \lambda_o|Fx - y_o| - |x| \geq \lambda_o\varepsilon-c > c .$$

Wir fixieren nun $\mu_o > \lambda_o+c$ und haben $\mu_o y_o \notin \overline{\Omega}$ sowie $|x + t\lambda_o Fx| < \mu_o$
für $t \in [0,1]$ und $x \in \partial\Omega$. Wir setzen $H(t,x) = x + t\lambda_o Fx$ für $(t,x) \in$
$[0,1]\times\overline{\Omega}$ und zeigen, daß es ein $(t_o,x_o) \in (0,1]\times\partial\Omega$ mit $H(t_o,x_o) = 0$ gibt.
Angenommen, $H(t,x) \neq 0$ auf $[0,1]\times\partial\Omega$. Dann genügt der durch

$$H^*(t,x) = \begin{cases} H(3t,x) & \text{für } 0 \leq t < 1/3 \\ H(1,x) - (3t-1)\mu_o y_o & \text{für } 1/3 \leq t < 2/3 \\ H(3-3t,x)-\mu_o y_o & \text{für } 2/3 \leq t \leq 1 \end{cases}$$

definierte Operator $H^*: [0,1]\times\overline{\Omega} \to X$ den Voraussetzungen von Satz 16.1
(3) mit $y = 0$, d.h. wir haben den Widerspruch

$$1 = D(I,\Omega,0) = D(H^*(0,\cdot),\Omega,0) = D(H^*(1,\cdot),\Omega,0) =$$

$$= D(I-\mu_o y_o,\Omega,0) = D(I,\Omega,\mu_o y_o) = 0 .$$

Folglich ist $x_o+t_o\lambda_o Fx_o = 0$ für ein $(t_o,x_o) \in (0,1]\times\partial\Omega$, d.h.

$$F_o x_o = (t_o\lambda_o)^{-1}|F_o x_o|x_o .$$

Da auch $-F_o \in \mathcal{R}(\partial\Omega)$ und $\inf_{\partial\Omega} |-F_o x| > 0$ gilt, haben wir auch $-F_o x_1 = \lambda x_1$ für ein $\lambda > 0$ und ein $x_1 \in \partial\Omega$, d.h. $F_o x_1 = \lambda_1 x_1$ mit $\lambda_1 < 0$.

$$\text{q.e.d.}$$

Im Beweis von Satz 1 haben wir wesentlich ausgenutzt, daß dim $X = \infty$, d.h. $\partial K_1(0)$ nicht kompakt ist. Für dim $X < \infty$ ist die Behauptung des Satzes offensichtlich falsch. Die Voraussetzung $\inf_{\partial\Omega} |F_o x| > 0$ ist so stark, daß sie lineare Operatoren ausschließt: Ist o.B.d.A. $\Omega = K_1(0)$, dim $X = \infty$ und $F_o \in \mathcal{R}(X)$ linear, so haben wir $\inf_{\partial\Omega} |F_o x| = 0$; nach Satz 2.1 existiert nämlich eine Folge (x_n) mit $|x_n| = 1$ und $|x_n - x_m| \geq 1$ für $n \neq m$; aus $\inf_{\partial\Omega} |F_o x| = \alpha > 0$ würde daher $|F_o x_n - F_o x_m| \geq \alpha$ für $n \neq m$ folgen, d.h. $(F_o x_n)$ hätte keine konvergente Teilfolge. Wir haben also einen echt "nichtlinearen und unendlichdimensionalen" Satz.

Mit den Eigenwerten linearer kompakter Operatoren und einer Charakterisierung des Abbildungsgrads solcher Operatoren mit Hilfe der Eigenwerte befassen wir uns im § 20 .

<u>Beispiel</u>. Die Integralgleichung

$$(*) \qquad x(t) = \lambda \int_0^1 (t^2 + s^2) x^2(s) ds \qquad (t \in J = [0,1])$$

hat für mindestens zwei Werte $\lambda \neq 0$ eine auf $[0,1]$ stetige Lösung $x \neq 0$. Wir wählen für X den B-Raum $L_2(J)$ aller auf J Lebesgue-meßbaren Funktionen $u: J \to R^1$ mit $|u|_2 = \left(\int_0^1 u^2(s) ds \right)^{1/2} < \infty$ [+] , setzen $\Omega = K_1(0)$ und $(F_o x)(t) = \int_0^1 (t^2 + s^2) x^2(s) ds$ für $x \in X$. Für $x \in \partial\Omega$, d.h. $\int_0^1 x^2(s) ds = 1$, ist $(F_o x)(t) \geq \int_0^1 t^2 x^2(s) ds = t^2$, folglich

$$|F_o x|_2 = \left(\int_0^1 (F_o x)^2(t) dt \right)^{1/2} \geq 1/\sqrt{5} \ .$$

Da $(F_o x)(t)$ von der Form $c_1 t^2 + c_2$ ist, haben wir $F_o(\overline{\Omega}) \subset C(J)$, und nach dem Satz von Ascoli-Arzelà (Satz 4.2) ist $F_o(\overline{\Omega})$ kompakt in $C(J)$, also auch in $L_2(J)$, da für $u \in C(J)$ die Abschätzung $|u|_2 \leq |u|_o$ gilt ; damit haben wir $F_o \in \mathcal{R}(\overline{\Omega})$. Nach Satz 1 existieren also mindestens zwei Eigenwerte μ_1, μ_2 von F_o , mit $\mu_i \neq 0$ und Eigenvektoren $x_i \in \partial\Omega$. Damit ist $x_i(t) = \mu_i^{-1} \int_0^1 (t^2 + s^2) x_i^2(s) ds$, $x_i \in C(J)$ und $x_i \neq 0$ für $i = 1,2$.

[+] $L_2(J)$ ist die Vervollständigung von $C(J)$ bzgl. der Norm $|\cdot|_2$.

§ 18. DER SATZ VON BORSUK

Wir zeigen in diesem Paragraphen, daß sich der Satz von Borsuk (Satz 10.1) und der Satz über offene Abbildungen (Satz 11.3) auf kompakte Störungen der Identität ausdehnen lassen.

$\underline{\text{Satz 1}}$. Es sei $\Omega \subset X$ offen, beschränkt und symmetrisch (d.h. $\Omega = -\Omega$) , $0 \in \Omega$, $F = I-F_o$ mit $F_o \in \mathcal{R}(\overline{\Omega})$, $0 \notin F(\partial\Omega)$ und $|Fx|^{-1}Fx \neq |F(-x)|^{-1}F(-x)$ für jedes $x \in \partial\Omega$. Dann ist $D(F,\Omega,0)$ ungerade. Die Behauptung gilt insbesondere, wenn $0 \notin F(\partial\Omega)$ und $F_o|_{\partial\Omega}$ ungerade ist.

$\underline{\text{Beweis}}$. Durch $H_o(t,x) = (1+t)^{-1}\{F_o x-tF_o(-x)\}$ ist offensichtlich eine kompakte Homotopie auf $\overline{\Omega}$ definiert. Da auch $0 \neq x-H_o(t,x)$ auf $[0,1]\times\partial\Omega$ gilt, haben wir $D(F,\Omega,0) = D(G,\Omega,0)$ mit $G = I-G_o$ und $G_o x=\frac{1}{2}\{F_o x-F_o(-x)\}$. Wir wählen $G_1 \in \mathcal{F}(\overline{\Omega})$ mit $\sup\limits_{\overline{\Omega}}|G_1 x - G_o x| < \rho(0,G(\partial\Omega))$, setzen $G_2 x = \frac{1}{2}\{G_1 x - G_1(-x)\}$ und haben auch $\sup\limits_{\overline{\Omega}}|G_2 x - G_o x| < \rho(0,G(\partial\Omega))$, folglich $D(G,\Omega,0) = d((I-G_2)|_{\overline{\Omega}_2},\Omega_2,0)$ nach Def. 16.1 ; diese Zahl ist aber nach Satz 10.1 ungerade, da $I-G_2$ ungerade ist.

q.e.d.

$\underline{\text{Korollar 1}}$. Es sei Ω wie in Satz 1 , $F = I-F_o$ mit $F_o \in \mathcal{R}(\overline{\Omega})$, und $F(\overline{\Omega})$ liege in einem echten Unterraum X_o von X . Dann existiert ein $x \in \partial\Omega$ mit $Fx = F(-x)$.

Dieses Korollar folgt aus Satz 1 und Satz 16.1 wie Satz 10.3 aus Satz 10.1 und Satz 8.1 .

$\underline{\text{Korollar 2}}$. Es sei $F_o \in \mathcal{R}(X)$ und $F = I-F_o$. Außerdem existiere ein linearer Operator $L \in \mathcal{R}(X)$ und ein λ derart, daß $|F_o x - \lambda Lx| < |x - \lambda Lx|$ für jedes $x \in \partial K_r(0)$ gilt. Dann ist $D(F,K_r(0),0)$ ungerade.

$\underline{\text{Beweis}}$. Da $H: [0,1]\times\overline{K}_r(0) \to X$, definiert durch $H(t,x)=x-(1-t)\lambda Lx-tF_o x$, die Bedingungen aus Satz 16.1(3) erfüllt, haben wir $D(F,K_r(0),0) = D(I-\lambda L,K_r(0),0)$, und diese Zahl ist nach Satz 1 ungerade.

q.e.d.

$\underline{\text{Satz 2}}$. Es sei $\Omega \subset X$ offen, $F_o \in \mathcal{R}(\Omega)$ und $F = I-F_o$ lokal eineindeutig. Dann ist F eine offene Abbildung.

$\underline{\text{Beweis}}$. Ist $\Omega_o \subset \Omega$ offen , $x_o \in \Omega_o$ und $y_o = Fx_o$, so haben wir zu zeigen, daß eine Kugel $K_s(y_o) \subset F(\Omega_o)$ existiert. Nach Voraussetzung existiert $K_r(x_o)$ mit $\overline{K}_r(x_o) \subset \Omega_o$, so daß $F|_{\overline{K}_r(x_o)}$ eineindeutig ist. Durch Übergang zu $\Omega_o^* = \Omega_o - x_o$ und $F^*x = F(x+x_o) - y_o$ (für $x \in \Omega_o^*$) erreichen wir $x_o = 0$, $\overline{K}_r(0) \subset \Omega_o^*$ und $F^*(0) = 0$. Da $H: [0,1] \times \overline{K}_r(0) \to X$, definiert durch

$$H(t,x) = x - \{F_o^*(\tfrac{1}{1+t}x) - F_o^*(-\tfrac{t}{1+t}x)\} \ ,$$

wegen $F_o^* \in \mathcal{R}(\overline{K}_r(0))$ und der Eineindeutigkeit von $F^*|_{\overline{K}_r(0)}$ den Bedingungen aus Satz 16.1(3) genügt, haben wir $D(F^*,K_r(0),0) = D(G,K_r(0),0)$ mit $Gx = H(1,x) = F^*(\tfrac{1}{2}x) - F^*(-\tfrac{1}{2}x)$. Da G die Voraussetzungen von Satz 1 erfüllt, haben wir insbesondere $D(F^*,K_r(0),0) \neq 0$, folglich $K_s(0) \subset F^*(K_r(0)) \subset F^*(\Omega_o^*)$ für ein $s > 0$ (nach (5) und (2) aus Satz 16.1) , also auch $K_s(y_o) = y_o + K_s(0) \subset F(\Omega_o)$.

q.e.d.

Ist insbesondere $F_o \in \mathcal{R}(X)$, $F = I - F_o$ (global) eineindeutig, und genügt F einer Bedingung, welche die Abgeschlossenheit von $F(X)$ sichert, so ist F ein Homeomorphismus von X auf X (vgl. Korollar 11.1) .

§ 19. DIE PRODUKTEIGENSCHAFT DES LS-GRADES

Man wird erwarten, daß auch die multiplikative Eigenschaft des Brouwer-Grades auf den LS-Grad übertragbar ist. Eine sinngemäße Änderung des Beweises von Satz 11.1 liefert tatsächlich den

<u>Satz 1</u>. Es seien $\Omega \subset X$ offen und beschränkt, $F_o \in \mathcal{R}(\overline{\Omega})$ und $F = I - F_o$, $G_o \in \mathcal{R}(X)$ und $G = I - G_o$, $y \notin G \circ F(\partial\Omega)$ und K_i $(i = 1,2,\ldots)$ die beschränkten Komponenten von $X \setminus F(\partial\Omega)$. Dann ist

$$D(G \circ F,\Omega,y) = \sum_i D(F,\Omega,K_i) D(G,K_i,y) \ .$$

Dabei sind nur endlich viele Summanden $\neq 0$, und $D(F,\Omega,K_i)$ ist durch $D(F,\Omega,z_i)$ mit $z_i \in K_i$ definiert.

<u>Beweis</u>. Wir gehen wie im vierten Teil des Beweises von Satz 11.1 vor, mit $F^* = I - F_1$ und $F_1 \in \mathcal{F}(\overline{\Omega})$ bzw. $G^* = I - G_1$ und $G_1 \in \mathcal{F}(\overline{K}_{r+1}(0))$ anstelle von f_o bzw. g_o , und kommen bei

$$\sum_i D(F,\Omega,K_i) D(G,K_i,y) = \sum_m m \cdot D(G,S_m,y) = \sum_m D(G^*,S_m^*,y)$$

an (vgl. (iv)). Nun wählen wir einen Unterraum X_1 mit $\dim X_1 < \infty$,

$y \in X_1$, $\Omega_1 = \Omega \cap X_1 \neq \emptyset$, $S_m^* \cap X_1 \neq \emptyset$ (für die endlich vielen m mit $D(G^*,S_m^*,y) \neq 0)$, $F_1(\overline{\Omega}) \subset X_1$ und $G_1(\overline{K}_{r+1}(0)) \subset X_1$. Dann ist nach Def. 16.1 und nach Satz 11.1

$$\sum_m mD(G^*,S_m^*,y) = \sum_m md(G^*|_{X_1},S_m^* \cap X_1,y) = d(G^*F^*|_{\overline{\Omega}_1},\Omega_1,y) =$$

$$= D(G^*F^*,\Omega,y) \ .$$

Wie im Beweis von Satz 11.1 ist damit nur noch $D(G^*F^*,\Omega,y) = D(G^*F,\Omega,y)$ zu zeigen. Hierzu betrachten wir $H_o\colon [0,1]\times\overline{\Omega} \to X$, definiert durch $H_o(t,x) = F_o x + t(F_1 x - F_o x) + G_1(Fx + t(F^*x - Fx))$, und $H(t,x) = x - H_o(t,x) = G^*(Fx + t(F^*x - Fx))$. Offensichtlich ist $H_o \in \mathcal{R}([0,1]\times\overline{\Omega})$, und aufgrund der Wahl von F^* und G^* ist $y \notin H([0,1]\times\partial\Omega)$; somit folgt aus Satz 16.1(3) das Gewünschte.

q.e.d.

Mit Hilfe von Satz 1 erhält man leicht die folgende Verallgemeinerung des Jordanschen Trennungssatzes.

__Satz 2__. Es seien A_1 und A_2 abgeschlossene, beschränkte Teilmengen eines B-Raumes X , und es existiere ein Homeomorphismus $F = I-F_o$ von A_1 auf A_2 , mit $F_o \in \mathcal{R}(A_1)$. Dann haben $X \setminus A_1$ und $X \setminus A_2$ dieselbe Anzahl von Komponenten.

__Beweis__. Beachtet man den (Fortsetzungs-)Satz 14.3 und die Tatsache, daß sich F^{-1} in der Form $I-F_1$ mit $F_1 \in \mathcal{R}(A_2)$ schreiben läßt (vgl. Aufg. 1), so folgt Satz 2 aus Satz 1 wie Satz 11.2 aus Satz 11.1 .

q.e.d.

Nach Satz 18.2 bildet ein eineindeutiger Operator $F = I-F_o\colon \Omega \to X$ offene Teilmengen von Ω auf offene Mengen ab. Mit Hilfe von Satz 1 erhalten wir sogar die folgende Charakterisierung des LS-Grades eines solchen Operators.

__Satz 3__. Es sei X ein B-Raum, $\Omega \subset X$ offen und beschränkt und $F = I-F_o$ (mit $F_o \in \mathcal{R}(\overline{\Omega})$) eineindeutig. Dann ist $D(F,\Omega,y) = \pm 1$ für jedes $y \in F(\Omega)$.

__Beweis__. Da F eineindeutig ist, existiert $F^{-1}\colon F(\overline{\Omega}) \to \overline{\Omega}$ und ein $F_1 \in \mathcal{R}(F(\overline{\Omega}))$ mit $F^{-1} = I-F_1$ (vgl. Aufg. 1) . Zu $y_o \in F(\Omega)$ existiert genau ein $x_o \in \Omega$ mit $y_o = Fx_o$. Bezeichnen wir daher mit $K_i(i = 1,2,\ldots)$ die beschränkten Komponenten von $X \setminus F(\partial\Omega)$, so haben wir nach Satz 1

$$1 = D(I,\Omega,x_o) = D(F^{-1}F,\Omega,x_o) = \sum_i D(F^{-1},K_i,x_o)D(F,\Omega,K_i) \ ,$$

wobei F_1 (und damit F^{-1}) gemäß Satz 14.3 fortgesetzt ist. Da $y_o \in K_i$ nur für ein i , etwa für i = 1 gilt, haben wir $D(F,\Omega,K_1) = D(F,\Omega,y_c)$ nach Definition und $D(F^{-1},K_i,x_o)D(F,\Omega,K_i) = 0$ für i $\neq$ 1 ; ist nämlich $D(F^{-1},K_i,x_o) \neq 0$ für ein i > 1 , d.h. $F^{-1}y = x_o$ für ein $y \in K_i$, so ist $y \notin F(\overline{\Omega})$, folglich $D(F,\Omega,K_i) = D(F,\Omega,y) = 0$. Somit ist $1 = D(F^{-1},K_1,x_o)D(F,\Omega,y_o)$, folglich $D(F,\Omega,y_o) = \pm 1$.

q.e.d.

§ 20. LINEARE KOMPAKTE OPERATOREN

Wir ziehen aus den bisherigen Ergebnissen einige Folgerungen für lineare Operatoren $L \in \mathcal{R}(X)$, da man in Anwendungen oft auf nichtlineare Operatoren F_o der Form $F_o = L + R_o$ geführt wird, wobei der nichtlineare Anteil R_o in einem gewissen Sinne klein ist ; in solchen Fällen liegt es nahe, daß F_o ähnliche Eigenschaften wie L hat.

<u>Satz 1</u>. Der Operator $L = I - L_o$ mit $L_o \in \mathcal{R}(X) \cap \mathcal{L}(X)$ ist genau dann ein Homeomorphismus von X auf X , wenn L eineindeutig ist.

<u>Beweis</u>. Die Eineindeutigkeit ist offensichtlich notwendig. Ist nun L eineindeutig, so haben wir L(X) = X , denn aus $L(X) \subsetneq X$ folgt nach Korollar 18.1 - mit $\Omega = K_1(0)$, F = L und $X_o = L(X)$ - die Existenz eines $x \in \partial K_1(0)$ mit Lx = L(-x) , d.h. Lx = 0 . Außerdem wissen wir nach Satz 18.2 , daß L offen, d.h. L^{-1} stetig ist.

q.e.d.

<u>Satz 2</u>. Es seien L_o und M_o aus $\mathcal{R}(X) \cap \mathcal{L}(X)$ und $L = I - L_o$ sowie $M = I - M_o$ Homeomorphismen von X auf X . Dann ist $D(LM,\Omega,0)=D(L,\Omega,0)D(M,\Omega,0)$ für jede offene beschränkte Menge $\Omega \subset X$ mit $0 \in \Omega$.

<u>Beweis</u>. Da $0 \notin LM(\partial\Omega)$ ist , Lx = 0 nur für x = 0 gilt und 0 nur in einer Komponente von $X \setminus M(\partial\Omega)$ liegt, etwa in K_1 , haben wir $D(LM,\Omega,0) = D(L,K_1,0)D(M,\Omega,0)$ nach Satz 19.1 . Nach Satz 16.1 (8) ist aber $D(L,K_1,0) = D(L,K_r(0),0) = D(L,\Omega,0)$ für $\overline{K}_r(0) \subset \Omega \cap K_1$.

q.e.d.

Mit Hilfe von Satz 2 zeigen wir nun, daß sich der LS-Grad von $L = I - L_o$ auf einer topologischen direkten Summe von L-invarianten Unterräumen multiplikativ verhält.

<u>Satz 3</u>. Es sei $X = \overset{m}{\underset{i=1}{\oplus}} X_i$ topologisch , $L_o \in \mathcal{R}(X) \cap \mathcal{L}(X)$, $L_o(X_i) \subset X_i$

für $i = 1,\dots,m$ und $L = I-L_o$ ein Homeomorphismus von X auf X . Dann ist

$$D(L,K_1(0),0) = \overset{m}{\underset{i=1}{\Pi}} D(L|_{X_i},K_1(0) \cap X_i,0) \quad .$$

<u>Beweis</u>. Es genügt, den Fall $m = 2$ zu betrachten; der Rest ist vollstän-
dige Induktion. Wir setzen $\Omega = K_1(0)$, $\Omega_i = \Omega \cap X_i$ und $L_i = LP_i$ für
$i = 1,2$. Wir haben $x = P_1 x + P_2 x$ für alle $x \in X$ und definieren $M_i : X \to X$
durch $M_1 = LP_1 + P_2$ bzw. $M_2 = P_1 + LP_2$. Nach Satz 1 ist M_i ein Homeomorphismus von X auf X , denn M_i ist eineindeutig und es gilt $M_i =$
$I - (I-M_i)$ mit $I-M_1 = L_o P_1 \in \mathcal{R}(X)$ bzw. $I-M_2 = L_o P_2 \in \mathcal{R}(X)$. Da
$(I-M_i)(X) \subset X_i$ gilt, erhalten wir aus Satz 16.2 - mit $V = X_i$, $\Omega = \Omega_o :=$
$\Omega_1 + \Omega_2$, $F_o = I-M_i$ und $y = 0$ -

$$D(M_i,\Omega_o,0) = D(M_i|_{\overline{\Omega}_o \cap X_i},\Omega_o \cap X_i,0) = D(L_i,\Omega_i,0) \quad \text{für } i = 1,2 \quad .$$

Nach Satz 2 ist daher

$$D(L,\Omega_o,0) = D(M_1 M_2,\Omega_o,0) = D(L_1,\Omega_1,0)D(L_2,\Omega_2,0) \quad .$$

Schließlich ist $D(L,\Omega_o,0) = D(L,\Omega,0)$ nach Satz 16.1(8) , da $0 \notin L(\Omega_o \setminus \Omega)$
gilt.

q.e.d.

Der folgende Satz enthält grundlegende Aussagen über Eigenwerte kompakter linearer Operatoren, die im Sonderfall $\dim X < \infty$ mit einigen,
aus der linearen Algebra bekannten Eigenschaften von Matrizen übereinstimmen.

<u>Satz 4</u>. Es sei X ein reeller normierter Raum, $L \in \mathcal{R}(X) \cap \mathcal{L}(X)$, $L_\lambda =$
$L - \lambda I$ für $\lambda \in R^1$ und Λ die Menge der Eigenwerte von L . Dann gilt
(1) $\Lambda \subset \{\mu \in R^1 : |\mu| \leq |L|\}$, Λ ist höchstens abzählbar und hat höchstens
  $\mu = 0$ als Häufungspunkt.
(2) L_λ ist für $\lambda \notin \Lambda \cup \{0\}$ ein Homeomorphismus von X auf X .
(3) Zu $\lambda \in \Lambda \setminus \{0\}$ existiert ein kleinstes $k = k(\lambda) \in \mathbb{N}$, so daß mit
  $R(\lambda) = L_\lambda^k(X)$ und $N(\lambda) = \{x \in X : L_\lambda^k x = 0\}$ folgendes gilt
  a) $X = R(\lambda) \oplus N(\lambda)$, $\dim N(\lambda) < \infty$ und $R(\lambda)$ ist abgeschlossen.
  b) $L(R(\lambda)) \subset R(\lambda)$, $L(N(\lambda)) \subset N(\lambda)$ und $L_\lambda|_{R(\lambda)}$ ist ein Homeomorphis-
    mus auf $R(\lambda)$.
  c) Für $\lambda,\mu \in \Lambda \setminus \{0\}$ mit $\lambda \neq \mu$ ist $N(\mu) \subset R(\lambda)$.

Der Satz bleibt richtig, wenn man überall reell durch komplex ersetzt.
Da der Beweis umfangreich ist, bringen wir ihn im Anhang zu diesem Ka-

pitel. Man beachte, daß in (1) nichts über die Existenz sondern nur etwas über die Anzahl der Eigenwerte ausgesagt wird; beispielsweise ist
$\Lambda = \emptyset$ für $L = \begin{pmatrix} 0 & -1 \\ 1 & 0 \end{pmatrix}: R^2 \to R^2$. Nach (1) und (2) ist jedes $\lambda \in \Lambda \setminus \{0\}$ ein
isolierter Eigenwert, d.h. um λ gibt es ein offenes Intervall, das keine
weiteren Eigenwerte von L enthält. Im Gegensatz zum Endlichdimensionalen nimmt der Punkt $\lambda = 0$ im Fall $\dim X = \infty$ offensichtlich eine Sonder-
stellung ein: L ist stets kein Homeomorphismus, selbst wenn $\lambda = 0$ kein
Eigenwert von L ist (wäre L ein Homeomorphismus, so hätten wir
$\inf\{|Lx|: |x| = 1\} > 0$, in Widerspruch zu $\dim X = \infty$; vgl. die Bemerkung nach Satz 17.1) , und wenn $0 \in \Lambda$ ist, kann es in jedem Intervall
um den Nullpunkt weitere Eigenwerte von L geben, wie das Beispiel $X = c_0$

und $L\left(\sum\limits_{i=1}^{\infty} x_i e_i \right) := \sum\limits_{2}^{\infty} \frac{1}{i} x_i e_i$ zeigt , in dem $0 \in \Lambda$ und $\{1/n : n \in \mathbb{N}\} \subset \Lambda$ gilt

(vgl. § 4.I) . Die in (3) versammelten Eigenschaften sind für $\dim X < \infty$
aus der Linearen Algebra bekannt; der zweite Teil von 3a) ist in diesem
Fall trivial, jedoch bedeutsam, wenn $\dim X = \infty$ ist. Die Zahl $k(\lambda)$ ist
die kleinste natürliche Zahl mit der Eigenschaft "Aus $L_\lambda^{k+1} x = 0$ folgt
$L_\lambda^k x = 0$" (vgl. den Beweis zu Satz 4) . Auch im Unendlichdimensionalen
nennt man $\dim N(\lambda)$ die <u>algebraische Vielfachheit</u> des Eigenwerts λ ,
während die Dimension des Eigenraumes $E(\lambda) = \{x \in X: L_\lambda x = 0\} \subset N(\lambda)$ als
geometrische Vielfachheit von λ bezeichnet wird. Offensichtlich sind
beide Vielfachheiten genau dann gleich, wenn $k(\lambda) = 1$ gilt. Im Spezialfall $X = R^n$ ist $\dim N(\lambda)$ bzw. $k(\lambda)$ die Vielfachheit von λ als Nullstelle
des charakteristischen Polynoms $\det(L - \lambda I)$ bzw. des Minimalpolynoms
von L .
Mit Satz 4 und Satz 3 berechnen wir nun den LS-Grad $D(I - \lambda L, K_1(0), 0)$,
über den wir bisher nur wissen, daß er ungerade (Satz 18.1) bzw. gleich
± 1 (Satz 19.3) ist.

<u>Satz 5</u>. Es sei $L \in \mathcal{R}(X) \cap \mathcal{L}(X)$, λ^{-1} kein Eigenwert von L und $\Omega \subset X$ offen
und beschränkt mit $0 \in \Omega$. Dann ist

$$D(I - \lambda L, \Omega, 0) = (-1)^{\beta(\lambda)} ,$$

wobei $\beta(\lambda)$ die Summe der algebraischen Vielfachheiten der Eigenwerte
μ mit $\mu\lambda > 1$ ist ; gibt es keine Eigenwerte dieser Art, so ist $\beta(\lambda) = 0$.

<u>Beweis</u>. Wir setzen $M = I - \lambda L = -\lambda(L - \lambda^{-1} I)$. Nach Satz 4(2) ist M ein
Homeomorphismus von X auf X , insbesondere $Mx = 0$ nur für $x = 0$; des-
halb können wir uns auf $\Omega = K_1(0)$ beschränken (Satz 16.1) . Nach Satz
4(1) gibt es höchstens endlich viele $\mu \in \Lambda$ mit $\mu\lambda > 1$ (d.h. $\operatorname{sgn} \mu = \operatorname{sgn} \lambda$
und $|\mu| > |\lambda|^{-1}$) , etwa $\mu_1, \ldots, \mu_m$.

Es sei $V = N(\mu_1) + \ldots + N(\mu_m)$. Nach Satz 4(3) ist diese Summe direkt ((c) und (a)) und topologisch (wegen dim $N(\mu_j) < \infty$) , und es gilt $M(N(\mu_j)) \subset N(\mu_j)$. Nach Satz 3 haben wir also

(i) $\qquad D(M|_V, \Omega \cap V, 0) = \prod_{j=1}^{m} d(M|_{N(\mu_j)}, \Omega \cap N(\mu_j), 0)$.

Wir fixieren j , setzen $\Omega_j = \Omega \cap N(\mu_j)$ und $h(t,x) = (2t-1)x - t\lambda Lx$ für $(t,x) \in [0,1] \times \overline{\Omega}_j$. Die Abbildung h ist offensichtlich eine $-I$ und M verbindende Homotopie mit $0 \notin h(0, \partial\Omega_j)$. Nehmen wir $0 \in h(t, \partial\Omega_j)$ für ein $t > 0$ an, so ist $\mu := (t\lambda)^{-1}(2t-1)$ ein Eigenwert von $L|_{N(\mu_j)}$, d.h. $\mu = \mu_j$ (denn für $\mu \neq \mu_j$ ist $N(\mu) \cap N(\mu_j) = \emptyset$ nach (3)) , folglich $t(2-\lambda\mu_j) = 1$, in Widerspruch zu $\lambda\mu_j > 1$ und $t \leq 1$. Es ist also $0 \notin h(t, \partial\Omega)$ für alle $t \in [0,1]$, folglich

$$d(M|_{N(\mu_j)}, \Omega_j, 0) = d(-I|_{N(\mu_j)}, \Omega_j, 0) = (-1)^{\alpha_j} ,$$

mit $\alpha_j = \dim N(\mu_j)$. Einsetzen in (i) liefert

(ii) $\qquad D(M|_V, \Omega \cap V, 0) = (-1)^{\beta} \qquad\qquad (\beta = \sum_{j=1}^{m} \alpha_j)$.

Nun sei $W = \bigcap_{j=1}^{m} R(\mu_j)$. Wir zeigen $X = V \oplus W$.

Für $x \in V \cap W$ ist $x = \sum_{j=1}^{m} x_j$ mit $x_j \in N(\mu_j)$ und $x \in R(\mu_j)$ für $j = 1, \ldots, m$. Da $\sum_{j=2}^{m} x_j$ nach (3c) aus $R(\mu_1)$ ist, haben wir $x_1 = x - \sum_{2}^{m} x_j \in R(\mu_1) \cap N(\mu_1)$ $= \{0\}$, d.h. $x_1 = 0$; entsprechend erhält man $x_j = 0$ für $j = 2, \ldots, m$, d.h. $x = 0$. Damit ist $V+W$ direkt.

Nach (3a) können wir jedes $x \in X$ in der Form $x = x_j + y_j$ mit $x_j \in N(\mu_j)$ und $y_j \in R(\mu_j)$ schreiben, und nach (3c) ist

$$x - \sum_{j=1}^{m} x_j = x - x_k - \sum_{j \neq k} x_j = y_k - \sum_{j \neq k} x_j \in R(\mu_k)$$

für $k = 1, \ldots, m$, d.h. $x - \sum_{j=1}^{m} x_j \in W$, folglich $x \in V \oplus W$. Damit ist $X = V \oplus W$. Da die $R(\mu_j)$ nach (3) abgeschlossen und L-invariant sind, gilt dasselbe für W . Da aber $L|_W$ keine Eigenwerte μ mit $\mu\lambda > 1$ hat, genügt $H(t,x) = x - t\lambda Lx$ auf $[0,1] \times (\overline{\Omega} \cap W)$ den Voraussetzungen von Satz 16.1(3) . Damit haben wir

(iii) $\qquad D(M|_W, \Omega \cap W, 0) = 1$.

Nun beachten wir noch, daß $V \oplus W$ aufgrund der Abgeschlossenheit von W und dim $V < \infty$ topologisch ist (Satz 2.4) und erhalten aus Satz 3 , (ii) und (iii)

$$D(M,\Omega,0) = D(M|_V,\Omega \cap V,0)D(M|_W,\Omega \cap W,0) = (-1)^\beta \quad .$$

Existieren keine Eigenwerte μ mit $\mu\lambda > 1$, so ist $W = X$ und $D(M,\Omega,0)=1$.

q.e.d.

<u>Beispiel</u>. Das Randwertproblem

$$(1) \qquad x''(t) + \mu x(t) = 0 \quad , \quad \text{für } t \in J = [0,1] \; , \; (2) \quad x(0) = x(1) = 0$$

ist äquivalent zur linearen Integralgleichung

$$(3) \qquad x(t) - \mu \int_0^1 k(t,s)x(s)ds = 0 \qquad \text{für } t \in J \quad ,$$

mit $k(t,s) = \begin{cases} s(1-t) & \text{für } 0 \le s \le t \le 1 \\ t(1-s) & \text{für } 0 \le t \le s \le 1 \end{cases}$; genügt nämlich $x \in C(J)$ der

Gleichung (3) , so ist $x \in C^2(J)$ und (1), (2) erfüllt, und umgekehrt.
Setzen wir $X = C(J)$ mit $|x|_0 = \max_J |x(t)|$, und definieren wir $L: X \to X$

durch $(Lx)(t) = \int_0^1 k(t,s)x(s)ds$, so ist L nach Satz 4.2 aus $\mathcal{R}(X)$, und

die Gleichung (3) lautet $(I-\mu L)x = 0$. Das Problem (1), (2) hat also
genau dann nichttriviale Lösungen, wenn μ^{-1} Eigenwert von L ist.
Für $\mu \le 0$ ist $x(t) = \alpha \exp(\sqrt{|\mu|}t) + \beta \exp(-\sqrt{|\mu|}t)$ die allgemeine Lösung
von (1) ; Einsetzen in (2) liefert $\alpha = \beta = 0$, d.h. $x = 0$. Ist jedoch
$\mu > 0$, so ist $x(t) = \alpha \sin\sqrt{\mu}t + \beta \cos \sqrt{\mu}t$ die allgemeine Lösung von
(1) ; Einsetzen in (2) ergibt $\beta = 0$ und $\alpha \sin\sqrt{\mu} = 0$; man kann also genau dann $\alpha \ne 0$ wählen, wenn $\mu = n^2\pi^2$ für ein $n \in \mathbb{N}$ gilt.
Somit hat L nur die Eigenwerte $\lambda_n = (n^2\pi^2)^{-1}$ $(n = 1,2,\ldots)$, und $E(\lambda_n)$
ist der von $x_n: t \to \sin n\pi t$ aufgespannte eindimensionale Unterraum von
X . Außerdem ist $k(\lambda_n) = 1$, also insbesondere $\dim N(\lambda_n) = \dim E(\lambda_n) = 1$
für alle n . Ist nämlich $(L - \lambda_n I)^2 x = 0$, d.h. $(I - \mu_n L)^2 x =$
$(I - \mu_n L)(x - \mu_n Lx) = 0$, so haben wir $x - \mu_n Lx \in E(\lambda_n)$, d.h.
$x(t) - \mu_n(Lx)(t) = \alpha \sin n\pi t$, folglich $x'' + \mu_n x(t) = -\alpha n^2\pi^2 \sin n\pi t$
und $x(0) = x(1) = 0$; damit ist

$$-\alpha n^2\pi^2 \cdot \frac{1}{2} = -\alpha n^2\pi^2 \int_0^1 \sin^2(n\pi t)dt = \int_0^1 \{x''(t)+\mu_n x(t)\}\sin(n\pi t)dt = 0$$

(partielle Integration) , folglich $\alpha = 0$, d.h. $(I - \mu_n L)x = 0$. Nach
Definition von $k(\lambda)$ ist also $k(\lambda_n) = 1$. Nach Satz 5 haben wir daher

$$D(I - \lambda L,K_1(0),0) = \begin{cases} 1 & \text{für} \quad -\infty < \lambda < \pi^2 \\ (-1)^n & \text{für} \quad n^2\pi^2 < \lambda < (n+1)^2\pi^2 \end{cases} \quad .$$

ÜBUNGSAUFGABEN

1. Es sei $\Omega \subset X$ abgeschlossen und beschränkt, $F_o \in \mathcal{R}(\Omega)$ und $F = I-F_o$ eineindeutig. Dann ist $F^{-1}: F(\Omega) \to X$ von der Form $F^{-1} = I-F_1$ mit $F_1 \in \mathcal{R}(F(\Omega))$.

2. Es sei $X = c_o$ und $F_o: X \to X$ durch $F_o(\sum\limits_{i=1}^{\infty} x_i e_i) = \sum\limits_{i=1}^{\infty} x_i^3 e_i$ definiert. Dann ist $F = I-F_o$ stetig und $F^{-1}(K)$ kompakt für kompaktes K , F_o nicht kompakt, jedoch $F_o'(x) \in \mathcal{R}(X)$ für jedes $x \in X$.

3. Die Volterra-Integralgleichung $u(t) = g(t) + \int\limits_o^t k(t,s,u(s))ds$ (für $t \in J = [0,a]$) hat mindestens eine Lösung $u \in C(J)$, wenn $g \in C(J)$, $k \in C(J \times J \times R^1)$ und $|k(t,s,z)| \leq c(1+|z|)$ für ein $c > 0$ gilt.

4. Es sei $\Omega = K_1(0) \subset X$. Dann gibt es keinen Operator $F: \overline{\Omega} \to \partial\Omega$ mit $F = I-F_o$ und $F_o \in \mathcal{R}(\overline{\Omega})$, so daß $Fx = x$ für jedes $x \in \partial\Omega$ gilt.

5. Es seien X,Y normierte Räume. Ein Operator $T: X \to Y$ heißt <u>quasibeschränkt</u> , wenn es Konstanten $c > 0$ und $r > 0$ gibt, so daß $|Tx| \leq c|x|$ für alle $x \in X$ mit $|x| \geq r$ gilt. Ist T quasibeschränkt, so setzen wir $|T|_b := \inf\limits_{r \geq o} \sup\limits_{|x| \geq r} |Tx|/|x|$. Dann gilt

(a) Jedes $T \in \mathcal{L}(X,Y)$ ist quasibeschränkt, mit $|T|_b = |T|$.

(b) Ist T <u>asymptotisch linear</u> , d.h. existiert ein $L \in \mathcal{L}(X,Y)$ mit $\lim\limits_{|x| \to \infty} |x|^{-1}|Tx-Lx| = 0$, so ist T quasibeschränkt und $|T|_b \leq |L|$.

(c) Ist $T_o \in \mathcal{R}(X)$ quasibeschränkt mit $|T_o|_b < 1$, so ist $T = I-T_o$ eine Abbildung von X auf X (Anleitung: Man beachte Korollar 18.2) .

6. Es sei X ein B-Raum, $\Omega \subset X$ offen und beschränkt, $F = I-F_o$ mit $F_o \in \mathcal{R}(\overline{\Omega})$ und $D(F,\Omega,0) \neq 0$. Der Operator $G: X \to X$ genüge der Bedingung $|Gx-Gy| \leq k|x-y|$ für ein $k > 0$ und alle $x,y \in X$. Dann existiert ein $\varepsilon_o > 0$, so daß die Gleichung $x = F_o x + \varepsilon Gx$ für jedes ε mit $|\varepsilon| \leq \varepsilon_o$ eine Lösung hat.
Anleitung. Aus dem Fixpunktsatz von Banach folgt, daß $I-\lambda G$ für $|\lambda|k < 1$ ein Homeomorphismus von X auf X ist ; für λ mit $|\lambda| < k^{-1}$ und $x \in X$ ist $R_t x = (I-t\lambda G)^{-1}x$ stetig in $t \in [0,1]$, denn es gilt $|R_s x - R_t x| \leq (1-\lambda k)^{-1}|s-t||GR_t x|$ (beachte $R_s(I-s\lambda G) = I$) . Man betrachte $H_o(t,x) = (I-t\varepsilon G)^{-1}F_o x$ für hinreichend kleine ε .

7. Man zeige, daß für $X = R^n$ die Formel $d(I-\lambda L,K_1(0),0) = (-1)^\beta$ aus Satz 20.5 mit dem in Kap. 2 erhaltenen Ergebnis $d(I-\lambda L,K_1(0),0) = \mathrm{sgn}\ \det(I-\lambda L)$ übereinstimmt.

8. Es sei $J = [0,a] \subset R^1$, $X = C(J)$ und $L: X \to X$ durch $(Lx)(t) =$

$$\int_o^t k(t,s)x(s)ds$$ definiert, wobei $k \in C(J\times J)$ ist. L ist kompakt und
hat keine Eigenwerte $\lambda \neq 0$.

Anleitung. Für $\lambda \neq 0$ betrachte man auf X die Norm $|x|=\max_J\{|x(t)|e^{-\alpha t}\}$
mit $\alpha > |\lambda|^{-1}\max\{|k(t,s)|:(t,s) \in J\times J\}$.

9. Es sei $J = [0,\pi]$, $X = C(J)$ mit $|\cdot|_o$ und $K: X \to X$ durch

$$(Kx)(t) = 2\pi^{-1} \int_o^\pi \{a \sin t \sin s + b \sin 2t \sin 2s\}[x(s)+x^3(s)]ds$$

definiert. Man bestimme $K'(x)$, die Eigenwerte von $K'(0)$ und ihre
(algebraische) Vielfachheit.

10. Es sei X ein Hilbert-Raum mit dem Innenprodukt $<\cdot,\cdot>$, $L \in \mathcal{R}(X) \cap \mathcal{L}(X)$,
$\lambda_o \neq 0$ ein einfacher Eigenwert von L (d.h. dim $N(\lambda_o) = 1$) und $Lx_o =$
$\lambda_o x_o$ mit $|x_o| = 1$. Dann ist der durch $Kx = x - \lambda_o^{-1}Lx - <x,x_o>x_o$
definierte Operator k ein Homeomorphismus von X auf X .
Anleitung. Satz 20.1 .

11. Es sei $\Omega \subset X$ offen und beschränkt mit $0 \in \Omega$, $F \in \mathcal{R}(\overline{\Omega})$ und $0 \notin F(\partial\Omega)$.
Dann existiert zu jedem $\varepsilon > 0$ ein λ_ε und ein $x_\varepsilon \in \partial\Omega$ mit $|Fx_\varepsilon - \lambda_\varepsilon x_\varepsilon|$
$\leq \varepsilon$(Anleitung. Man wähle in Def. 16.1 dim X_1 ungerade und beachte
den Igelsatz). Mit diesem Satz gebe man einen zweiten Beweis von
Satz 17.1 an.

12. Es sei $\Omega \subset X$ offen und beschränkt, $0 \in \Omega$, $F \in \mathcal{R}(\overline{\Omega})$ und $D(I-F,\Omega,0) \neq 1$.
Dann hat F einen positiven Eigenwert. Diese Behauptung gilt auch,
wenn $0 \notin \overline{\Omega}$ und $D(I-F,\Omega,0) \neq 0$ ist.

ANHANG

Wir beweisen nun den Satz 20.4 . Da die Existenz von $k(\lambda)$ und die Eigenschaft (3a) den größten Aufwand erfordern, nehmen wir diese beiden
Aussagen zunächst als bewiesen an und leiten die übrigen her.
<u>zu (2)</u>. Für $\lambda \notin \Lambda \cup \{0\}$ ist $L_\lambda = -\lambda(I-\lambda^{-1}L)$ eineindeutig. Da mit L auch
$\lambda^{-1}L$ kompakt ist, ist $I-\lambda^{-1}L$ nach Satz 20.1 ein Homeomorphismus, also
auch L_λ .
<u>zu (3b)</u>. Für $y \in R(\lambda)$, d.h. $y = L_\lambda^k x$ für ein $x \in X$, ist $Ly = LL_\lambda^k x =$
$L_\lambda^k Lx \in R(\lambda)$, folglich $L(R(\lambda)) \subset R(\lambda)$. Für $x \in N(\lambda)$ ist $L_\lambda^k Lx = LL_\lambda^k x = 0$,
d.h. $Lx \in N(\lambda)$, folglich $L(N(\lambda)) \subset N(\lambda)$. Aus $L_\lambda y = 0$ für ein $y \in R(\lambda)$
folgt $L_\lambda^k y = 0$, d.h. $y \in R(\lambda) \cap N(\lambda)$; nach (3a) ist also $y = 0$, d.h.
$L_\lambda|_{R(\lambda)}$ eineindeutig und somit ein Homeomorphismus (Satz 20.1) auf
$R(\lambda)$, da auch $L_\lambda(R(\lambda)) \subset R(\lambda)$ gilt.
<u>zu (1)</u>. Aus $Lx = \lambda x$ für ein $x \neq 0$ folgt $|\lambda||x| \leq |L||x|$, d.h. $|\lambda| \leq |L|$.
Für den zweiten Teil von (1) genügt es zu zeigen, daß jedes $\lambda_o \in \Lambda \setminus \{0\}$

ein isolierter Eigenwert ist.

Es sei $\hat{L}_\lambda = L_\lambda|_{R(\lambda_o)}$; nach (3b) ist $|\hat{L}_{\lambda_o} y| \geq c|y|$ mit $c = |\hat{L}_{\lambda_o}^{-1}|^{-1}$,

folglich $|\hat{L}_\lambda y| \geq (c - |\lambda-\lambda_o|)|y|$, d.h. $\hat{L}_\lambda$ eineindeutig für $|\lambda-\lambda_o| < c$.

Es sei $\overset{\nu}{L}_\lambda = L_\lambda|_{N(\lambda_o)}$. Aus $\overset{\nu}{L}_\lambda x = 0$, d.h. $\overset{\nu}{L}_{\lambda_o} x = (\lambda-\lambda_o)x$, folgt $0 = \overset{\nu}{L}_{\lambda_o}^k x = (\lambda-\lambda_o)^k x$ für $k = k(\lambda_o)$, also $x = 0$ für $\lambda \neq \lambda_o$. Wegen $X = R(\lambda_o) \oplus N(\lambda_o)$ haben wir somit $\Lambda \cap (\lambda_o-c,\lambda_o+c) = \{\lambda_o\}$.

<u>zu (3c)</u>. Ein $x \in N(\mu)$ hat nach (3a) eine Darstellung $x = y+z$, mit $y \in R(\lambda)$ und $z \in N(\lambda)$. Mit $p = k(\mu)$ ist $L_\mu^p x = 0$. Nach (3b) sind $R(\lambda)$ und $N(\lambda)$ L-invariant , also auch L_μ^p-invariant. Aus $0 = L_\mu^p x = L_\mu^p y + L_\mu^p z$ folgt daher $L_\mu^p y = L_\mu^p z = 0$; da aber L_μ^p auf $N(\lambda)$ eineindeutig ist, haben wir $z = 0$, d.h. $x = y \in R(\lambda)$, folglich $N(\mu) \subset R(\lambda)$.

<u>zu (3a)</u>. Offensichtlich genügt es, folgendes zu zeigen: Ist $L_o \in \mathcal{R}(X) \cap \mathcal{L}(X)$, $L = I-L_o$, $\lambda = 1$ ein Eigenwert von L_o , $N_i=\{x \in X: L^i x=0\}$ und $R_i = L^i(X)$, dann existiert ein kleinstes $k \in \mathbb{N}$, so daß $X = R_k \oplus N_k$, dim $N_k < \infty$ und R_k abgeschlossen ist.

Die beiden letzten Eigenschaften ergeben sich aus dem

<u>Satz 1</u>. Es sei $L_o \in \mathcal{R}(X) \cap \mathcal{L}(X)$ und $L = I-L_o$. Dann ist dim $L^{-1}(0) < \infty$ und $L(X)$ abgeschlossen.

<u>Beweis</u>. 1. $L^{-1}(0) \cap \overline{K}_1(0)$ ist die abgeschlossene Einheitskugel von $L^{-1}(0)$. Da sie nach Satz 14.1(c) kompakt ist, haben wir dim $L^{-1}(0) < \infty$.

2. Für $(y_n) = (Lx_n)$ gelte $y_n \to y$ für $n \to \infty$. Wir haben $y \in L(X)$ zu zeigen. Ist (x_n) beschränkt, so haben wir o.B.d.A. $L_o x_n \to z$ für ein $z \in X$, folglich $x_n \to y+z$ und damit $y = L(y+z)$.

3. Ist (x_n) nicht beschränkt, existiert aber eine beschränkte Folge (x_n') mit $x_n - x_n' \in N := L^{-1}(0)$, so sind wir wegen $y_n = Lx_n'$ und dem 2. Schritt fertig.

4. Im dritten Schritt war $\rho(x_n,N) \leq \sup_n |x_n'| < \infty$. Es bleibt also noch zu zeigen, daß der Fall $\rho(x_n,N) \to \infty$ nicht eintreten kann. Angenommen, $\alpha_n = \rho(x_n,N) \to \infty$ für $n \to \infty$. Für $v_n = \alpha_n^{-1} x_n$ ist dann $\rho(v_n,N) = \alpha_n^{-1} \cdot \inf\{|x_n - \alpha_n z| : z \in N\} = 1$; folglich existiert ein $w_n \in N$ mit $|v_n-w_n| \leq 2$. Für $z_n = v_n-w_n$ haben wir also $|z_n| \leq 2$, $\rho(z_n,N) = 1$ und $Lz_n = \alpha_n^{-1} y_n \to 0$ für $n \to \infty$. Wegen dim $N < \infty$ existiert damit eine Teilfolge (z_{n_k}) mit $z_{n_k} \to z$ für ein $z \in X$, und es ist $Lz = 0$, in Widerspruch zu $\rho(z,N) = \lim_{k \to \infty} \rho(z_{n_k},N) = 1$.

q.e.d.

Da $L^m = I - \sum_{i=1}^{m} \binom{m}{i}(-1)^{i-1}L_o^i$, also L^m von der Form $I-\tilde{L}_o$ mit $\tilde{L}_c \in \mathcal{R}(X)$

ist, folgt aus Satz 1 die Abgeschlossenheit von R_m und dim $N_m < \infty$ für

jedes $m \in \mathbb{N}$.

Offensichtlich gilt $N_1 \subset N_2 \subset \ldots$ und $R_1 \supset R_2 \supset \ldots$. Mit dem folgenden

Hilfssatz zeigen wir, daß beide Ketten bei demselben Index stehenblei-

ben.

<u>Hilfssatz.</u> Es seien $L_o \in \mathcal{L}(X)$, $L = I-L_o$, V und W abgeschlossene Un-

terräume von X , $V \subsetneq W$ und $L(W) \subset V$. Dann existiert ein $w \in W \setminus V$ mit

$|w| = 1$ und $(L_o w, L_o(V)) \geq 1/2$.

<u>Beweis.</u> Da V abgeschlossen und $W \setminus V \neq \emptyset$ ist, existiert ein $w_o \in W$ mit

$\alpha := \rho(w_o,V) > 0$. Wir wählen ein $v \in V$ mit $\beta := |w_o-v| \leq 2\alpha$ und setzen

$w = \beta^{-1}(w_o-v)$. Es ist $w \in W \setminus V$ und $|w| = 1$. Außerdem haben wir für

$x \in V$

$$L_o x - L_o w = \beta^{-1}\left[(\beta x - \beta Lx + v + \beta Lw) - w_o\right] .$$

Da die runde Klammer wegen $L(W) \subset V$ in V liegt, folgt hieraus

$\rho(L_o w, L_o(V)) \geq \beta^{-1}\rho(w_o,V) \geq 1/2$.

q.e.d.

Angenommen, $N_i \subsetneq N_{i+1}$ für alle $i \in \mathbb{N}$. Da die N_i abgeschlossen sind und

$L(N_{i+1}) \subset N_i$ gilt $(L^{i+1}x = 0 \Rightarrow L^i(Lx) = 0)$, existiert nach dem Hilfs-

satz eine Folge (x_i) mit $x_i \in N_{i+1} \setminus N_i$, $|x_i| = 1$ und $|L_o x_i - L_o x_j| \geq 1/2$

für $j < i$, in Widerspruch zu $L_o \in \mathcal{R}(X)$. Folglich existiert ein klein-

stes $k \in \mathbb{N}$ mit $N_k = N_{k+p}$ für alle $p \geq 1$. Entsprechend zeigt man die

Existenz eines kleinsten $l \in \mathbb{N}$ mit $R_l = R_{l+p}$ für alle $p \geq 1$.

Ist $y \in R_k \cap N_k$, so ist $y = L^k x$ für ein $x \in X$ und $L^k y = 0$, d.h. $L^{2k}x = 0$

und damit $0 = L^k x = y$ (wegen $N_{2k} = N_k$) . Wir haben also $R_k \cap N_k = \{0\}$.

Hieraus folgt leicht $l \leq k$. Angenommen, $l > k$; dann ist $N_l = N_k$ und

$R_k \supsetneq R_l$; folglich existiert $y \in R_{l-1} \setminus R_l \subset R_k$, und aus $Ly \in R_l = L(R_l)$ folgt

$Ly = Lz$ für ein $z \in R_l$, d.h. $y-z \in N_1 \subset N_k$, folglich $y-z \in N_k \cap R_k = \{0\}$.

Angenommen, $l < k$. Dann ist $R_k = R_l$ und $N_l \subsetneq N_k$. Somit existieren

$x,y \in X$ mit $L^k x = 0$ und $0 \neq L^l x = L^k y$; hieraus folgt $0 = L^k x = L^{k-l+l}x$

$= L^{2k-l}y$, d.h. $y \in N_{2k-l} = N_k$, in Widerspruch zu $L^k y \neq 0$. Es ist also

$l = k$.

Für $x \in X$ ist $L^k x \in R_k = L^k(R_k)$, folglich $L^k x = L^k y$ für ein $y \in R_k$, d.h.

$x = y+(x-y)$ mit $y \in R_k$ und $x-y \in N_k$. Da auch $R_k \cap N_k = \{0\}$ gilt, haben

wir $X = R_k \oplus N_k$.

q.e.d.

Kapitel 4. Fixpunkte kompakter Operatoren

In diesem Kapitel stellen wir einige der wichtigsten Fixpunktsätze für
kompakte Operatoren zusammen. Aus ihnen ergeben sich in Verbindung mit
dem Fixpunktsatz von Banach auch Aussagen über Fixpunkte von Operatoren
der Form T+S , wobei T kompakt und S eine Kontraktion ist. Wenn nichts
anderes geschrieben steht, ist X stets ein reeller normierter Raum. Ist
T eine Abbildung von $\Omega \subset X$ in X , so bedeutet F(T) stets die Menge aller
Fixpunkte von T in Ω .
Betrachtet man speziell $X = R^n$, so ergeben sich aus den allgemeinen
Sätzen dieses Kapitels einige Aussagen über Fixpunkte stetiger Abbildungen, die nicht in Kap. 2 behandelt wurden.

§ 21. EXISTENZ VON FIXPUNKTEN

In Kap. 2 haben wir erwähnt, daß der Fixpunktsatz von Brouwer bisher
am meisten angewandt wurde. Eine entsprechende Rolle spielt seine Verallgemeinerung auf kompakte Operatoren, der Fixpunktsatz von Schauder.

<u>Satz 1 (Schauder)</u>. Es sei $C \subset X$ abgeschlossen, beschränkt und konvex,
$T \in \mathcal{R}(C)$ und $T(C) \subset C$. Dann hat T mindestens einen Fixpunkt. Die Behauptung bleibt richtig, wenn C nur zu einer abgeschlossenen, beschränkten und konvexen Menge homeomorph ist.

<u>Beweis</u>. Da C beschränkt ist, haben wir $C \subset K_r(0)$ für ein r > 0 . Nach der
Bemerkung zu Satz 6.1 existiert ein stetiger Operator $R: X \to C$ mit Rx=x
für $x \in C$. Damit ist $\tilde{T} = T \circ R \in \mathcal{R}(X)$, $\tilde{T}|_C = T$ und $\tilde{T}(\overline{K}_r(0)) \subset C \subset K_r(0)$.
Der Operator $H: [0,1] \times \overline{K}_r(0) \to X$, definiert durch $H(t,x) = x - t\tilde{T}x$,
genügt offensichtlich Satz 16.1(3) . Damit ist $D(I-\tilde{T}, K_r(0), 0) = 1$, d.h.
insbesondere $x - \tilde{T}x = 0$ für ein $x \in K_r(0)$. Es ist sogar $x = \tilde{T}x \in C$, folglich x = Tx .

Ist H ein Homeomorphismus von Ω auf C und $T(\Omega) \subset \Omega$, so hat $HTH^{-1}: C \to C$ einen Fixpunkt $x \in C$; somit ist $T(H^{-1}x) = H^{-1}x \in \Omega$.

$$q.e.d.$$

__Bemerkung__. Ist insbesondere C kompakt und konvex und T: $C \to C$ stetig, so ist $F(T) \neq \emptyset$, da $T \in \mathcal{R}(C)$ ist.

__Korollar 1__. Es sei $C \subset X$ kompakt und konvex und $(T_\lambda)_{\lambda \in \Lambda}$ eine Familie stetiger Abbildungen von C in C mit den Eigenschaften

(i) T_λ ist affin, d.h. es ist $T_\lambda(tx+(1-t)x') = tT_\lambda x + (1-t)T_\lambda x'$ für $x,x' \in C$ und $t \in [0,1]$.

(ii) Die T_λ sind vertauschbar, d.h. $T_\lambda T_\mu = T_\mu T_\lambda$ für alle $\mu,\lambda \in \Lambda$.

Dann haben die T_λ einen gemeinsamen Fixpunkt, d.h. es ist $\bigcap\limits_{\lambda \in \Lambda} F(T_\lambda) \neq \emptyset$.

__Beweis__. $F(T_\lambda)$ ist nach der Bemerkung nicht leer und nach Satz 14.1(c) kompakt. Aus (i) folgt die Konvexität von $F(T_\lambda)$ und nach (ii) ist $T_\mu(F(T_\lambda)) \subset F(T_\lambda)$; folglich hat T_μ einen Fixpunkt aus $F(T_\lambda)$. Damit ist $F(T_\mu) \cap F(T_\lambda) \neq \emptyset$, kompakt und konvex. Durch vollständige Induktion erhält man diese Eigenschaften für jede endliche Teilmenge von Λ ; die Familie $(F(T_\lambda))_{\lambda \in \Lambda}$ hat also die endliche Durchschnittseigenschaft (vgl. 1.III) . Da C kompakt ist, haben wir daher $\bigcap\limits_{\lambda \in \Lambda} F(T_\lambda) \neq \emptyset$.

$$q.e.d.$$

Eine Verallgemeinerung von Korollar 1 und Anwendungsmöglichkeiten findet man in $[19,\text{Chap. }3]$. Der folgende Satz 2 enthält eine Reihe bekannter Fixpunktsätze.

__Satz 2__. Es sei $\Omega \subset X$ offen und beschränkt und $T \in \mathcal{R}(\overline{\Omega})$. Außerdem existiere ein $x_0 \in \Omega$, so daß T der Randbedingung

(∗)   Aus $Tx - x_0 = \alpha(x-x_0)$ für ein $x \in \partial\Omega$ folgt $\alpha \leq 1$.

genügt. Dann ist $F(T) \neq \emptyset$.

__Beweis__. Existiert ein $x \in \partial\Omega$ mit $x = Tx$, so sind wir fertig. Anderenfalls haben wir $x - Tx \neq 0$ auf $\partial\Omega$; aus $Tx - x_0 = \alpha(x-x_0)$ für ein $x \in \partial\Omega$ folgt also $\alpha < 1$. Somit genügt der durch $H(t,x) = x - x_0 - t(Tx - x_0)$ definierte Operator H: $[0,1]\times\overline{\Omega} \to X$ Satz 16.1(3) . Daher ist $D(I-T,\Omega,0) = D(I-x_0,\Omega,0) = D(I,\Omega,x_0) = 1$, also insbesondere $x - Tx = 0$ für ein $x \in \Omega$.

$$q.e.d.$$

<u>Korollar 2</u>. Es sei $\Omega \subset X$ offen und beschränkt und $T \in \mathcal{R}(\overline{\Omega})$. Ist eine der folgenden Bedingungen erfüllt, so gilt $F(T) \neq \emptyset$.

(a) $\Omega = K_r(0)$ und $T(\partial\Omega) \subset \overline{\Omega}$ (Rothe).

(b) $\Omega = K_r(0)$ und $|Tx - x|^2 \geq |Tx|^2 - |x|^2$ auf $\partial\Omega$ (Altman) .

(c) Ω wie in Satz 2 und konvex, T genügt (∗) aus Satz 2 (Yamamuro) .

(d) X ist Innenproduktraum , $\Omega = K_r(0)$ und $<Tx,x> \leq |x|^2$ auf $\partial\Omega$ (Krasnoselskii) .

(e) X wie in (d) , $\Omega = K_r(x_0)$ und $<Tx-x_0,x-x_0> \leq r^2$ auf $\partial\Omega$ (Hanani|Netanyahn|Reichaw -Reichbach) .

<u>Beweis</u>. (a) Aus $T(\partial\Omega) \subset \overline{\Omega}$ und $Tx = \alpha x$ für $|x| = r$ folgt $|\alpha|r \leq r$, d.h. (∗) mit $x_0 = 0$.

(b) Aus $Tx = \alpha x$ für $|x| = r$ folgt $(1-\alpha)^2 r^2 \geq (\alpha^2-1)r^2$, d.h. $\alpha \leq 1$.

(c) ist nach Satz 2 trivial.

(d) Aus $<Tx,x> \leq |x|^2$ folgt $|Tx - x|^2 = |Tx|^2 - 2<Tx,x> + |x|^2 \geq |Tx|^2 - |x|^2$, d.h. (d) ist ein Spezialfall von (b) .

(e) folgt aus (d) mit $\tilde{T}y = T(y+x_0) - x_0$ für $y \in K_r(0)$.

q.e.d.

Wir verknüpfen nun die Fixpunktsätze von Schauder und Banach zu einer Aussage über Fixpunkte kompakter Operatoren, die durch strikte Kontraktionen "gestört" werden.

<u>Satz 3</u>. Es sei X ein B-Raum, $C \subset X$ abgeschlossen, beschränkt und konvex, $T \in \mathcal{R}(C)$ und S: $C \to X$ eine k-Kontraktion mit $k < 1$. Ist $T(C) + S(C) \subset C$, so gilt $F(T+S) \neq \emptyset$.

<u>Beweis</u>. Wir fixieren $x_0 \in C$ und betrachten den Operator $R := Tx_0 + S$. Da R offensichtlich eine k-Kontraktion mit $R(C) \subset C$ ist, hat R nach dem Fixpunktsatz von Banach (mit X = C und $d(x,y) = |x-y|$) genau einen Fixpunkt, den wir mit Px_0 bezeichnen. Da $x_0 \in C$ beliebig war, haben wir dadurch einen Operator P: $C \to C$ definiert, für den $P = T + SP$ gilt. Damit ist $|Px - Py| \leq |Tx - Ty| + k|Px - Py|$, d.h. $|Px - Py| \leq (1-k)^{-1}|Tx-Ty|$ für $x,y \in C$. Hieraus folgt offensichtlich $P \in \mathcal{R}(C)$. Da auch $P(C) \subset C$ gilt, existiert nach Satz 1 ein $x \in C$ mit $x = Px$, d.h. $x = Tx + Sx$.

q.e.d.

Die Bedingung $T(C) + S(C) \subset C$ ist ziemlich einschränkend. Der folgende Satz zeigt, wie sie für $C = \overline{K}_r(0)$ abgeschwächt werden kann.

<u>Satz 4.</u> Es seien X ein B-Raum, $\Omega = K_r(0) \subset X$, $T \in \mathcal{R}(\overline{\Omega})$ und S: $\overline{\Omega} \to X$ eine k-Kontraktion mit k < 1 . Ist $(T+S)(\overline{\Omega}) \subset \overline{\Omega}$, so ist $F(T+S) \neq \emptyset$.

<u>Beweis.</u>1.Wir betrachten $\lambda(T+S)$ für $\lambda \in [0,1]$ und setzen $F_\lambda = F(\lambda T + \lambda S)$. Die Mengen F_λ sind kompakt; ist nämlich $(x_n) \subset F_\lambda$, d.h. $x_n = \lambda(Tx_n + Sx_n)$, so haben wir $|x_n - x_m| \leq (1-k)^{-1}\lambda|Tx_n - Tx_m|$, und da (Tx_n) eine Cauchy-Teilfolge hat, gilt damit dasselbe für (x_n) ; da X vollständig ist, konvergiert diese Teilfolge gegen ein x , und es ist $x = \lambda(Tx + Sx)$.
2. Wir zeigen nun, daß es zu $\lambda < 1$ mit $F_\lambda \neq \emptyset$ ein $\varepsilon_\lambda \in (0,1-\lambda)$ und eine Umgebung V_λ von F_λ mit $\overline{V}_\lambda \subset K_r(0)$ gibt, so daß $R_\mu := (I - \mu S)^{-1}\mu T \in \mathcal{R}(\overline{V}_\lambda)$ für jedes $\mu \in [0,1]$ mit $|\mu-\lambda| \leq \varepsilon_\lambda$ gilt. Für $x_o \in F_\lambda$, x und $y \in \overline{K}_r(0)$ und $\mu \in [0,1]$ ist

$$|\mu Ty + \mu Sx - x_o| \leq \mu|Ty - Tx_o| + |\mu-\lambda||Tx_o + Sx_o| + \mu|Sx - x_o|$$
$$\leq |Ty - Tx_o| + |\mu-\lambda|r + k|x-x_o| =: \alpha(x,y,\mu) .$$

Wir wählen $\rho = \rho(x_o) > 0$ mit $\overline{K}_\rho(x_o) \subset K_r(0)$, $\varepsilon = \varepsilon(x_o) > 0$ und $\delta = \delta(x_o) > 0$ mit $\delta \leq \rho$ derart, daß $\alpha(x,y,\mu) \leq \rho$ für $|\mu-\lambda| \leq \varepsilon$, $x \in \overline{K}_\rho(x_o)$ und $y \in \overline{K}_\delta(x_o)$ gilt. Für fixierte μ,y mit dieser Eigenschaft bildet dann $A := \mu Ty + \mu S$ die Kugel $\overline{K}_\rho(x_o)$ in sich ab, und A ist eine k-Kontraktion. A hat also genau einen Fixpunkt $x \in \overline{K}_\rho(x_o)$; es ist $x = (I - \mu S)^{-1}\mu Ty$, folglich R_μ auf $\overline{K}_\delta(x_o)$ definiert für $|\mu-\lambda| \leq \varepsilon$, und sogar $R_\mu \in \mathcal{R}(\overline{K}_\delta(x_o))$ (vgl. Aufg. 3.6) . Da F_λ kompakt ist, gibt es Punkte $x_1,\ldots,x_p \in F_\lambda$ mit $F_\lambda \subset V_\lambda := \bigcup K_{\delta(x_i)}(x_i)$; wir setzen noch $\varepsilon_\lambda = \min\{\varepsilon(x_i): i = 1,\ldots,p\}$ und haben $R_\mu \in \mathcal{R}(\overline{V}_\lambda)$ für $|\mu-\lambda| \leq \varepsilon_\lambda$.
3. Wir können $\varepsilon_\lambda > 0$ außerdem so wählen, daß $F_\mu \subset V_\lambda$ für $|\mu-\lambda| \leq \varepsilon_\lambda$ gilt. Anderenfalls würde (μ_n) mit $\mu_n \to \lambda$ und $x_n \in F_{\mu_n}$ mit $x_n \notin V_\lambda$, d.h.

$\rho(x_n,F_\lambda) \geq \gamma$ für ein $\gamma > 0$ und alle n , existieren. Man sieht leicht, daß (x_n) eine konvergente Teilfolge (x_{n_i}) hat (vgl. 1. Schritt) , deren Grenzwert x_o aus F_λ ist, d.h. es gilt $\rho(x_{n_i},F_\lambda) \to \rho(x_o,F_\lambda) = 0$, in Widerspruch zu $\rho(x_{n_i},F_\lambda) \geq \gamma$ für alle n_i .

4. Es ist $F_o = \{0\} \neq \emptyset$ und $D(I-R_o,V_o,0) = D(I,V_o,0) = 1$, folglich $D(I-R_\mu,V_o,0) = 1$ und insbesondere $F_\mu \neq \emptyset$ für $\mu \leq \varepsilon_o$. Damit ist $\lambda_o :=$ $\sup\{\lambda \in [0,1]: F_\mu \neq \emptyset$ für $\mu \in [0,\lambda)\} \geq \varepsilon_o$. Angenommen, $\lambda_o < 1$. Dann ist $F_{\lambda_o} \neq \emptyset$ (es gibt (μ_n) mit $\mu_n \to \lambda_o$ und $F_{\mu_n} \neq \emptyset$; vgl. 3. Schritt) , $D(I-R_\mu,V_{\lambda_o},0)$ für $|\mu-\lambda_o| \leq \varepsilon_{\lambda_o}$ definiert, und sogar $D(I-R_\mu,V_{\lambda_o},0) = D(I-R_{\lambda_o},V_{\lambda_o},0)$, da H: $[0,1] \times \overline{V}_{\lambda_o} \to X$, definiert durch $H(t,x)=x-R_{\mu(t)}x$ mit $\mu(t) = \lambda_o + t(\mu-\lambda_o)$, offensichtlich Satz 16.1(3) genügt. Entsprechend haben wir
$D(I-R_\mu,V_\mu,0) = D(I-R_\mu,V_\mu \cap V_\lambda,0) = D(I-R_\mu,V_\lambda,0) = D(I-R_\lambda,V_\lambda,0)$

für $\lambda < \lambda_o$ und $|\mu-\lambda| \leq \varepsilon_\lambda$. Damit ist $D(I-R_\lambda,V_\lambda,0)$ stetig in $[0,\lambda_o+\varepsilon_{\lambda_o}]$, folglich $D(I-R_\lambda,V_\lambda,0) = 1$ und insbesondere $F_\lambda \neq 0$ für $\lambda \in [0,\lambda_o+\varepsilon_{\lambda_o}]$, in Widerspruch zur Definition von λ_o . Es ist also $\lambda_o = 1$, d.h. $F(T+S) \neq \emptyset$.

q.e.d.

Ist X ein Hilbert-Raum, so kann man leicht zeigen, daß Satz 4 auch für eine beliebige abgeschlossene, beschränkte und konvexe Menge C gilt (vgl. Aufg. 5) , da in diesem Fall S unter Erhaltung der Kontraktionskonstanten $k < 1$ auf ganz X fortsetzbar ist. Inzwischen wurde mit Hilfe der Theorie der verdichtenden Abbildungen (vgl. § 32) gezeigt, daß Satz 4 in jedem B-Raum für Mengen C der genannten Art gilt.
Das Beispiel aus der Einleitung von Kap. 3 zeigt, daß Satz 4 falsch ist, wenn S nur eine Kontraktion, d.h. $|Sx - Sy| \leq |x-y|$ für $x,y \in K_r(0)$ ist: man setze $Tx = \frac{1}{2}(1+|x|)e_1)$ und $Sx = \sum_{i>1} x_i(1-2^{-i-1})e_{i+1}$. Wird jedoch mehr über T und X vorausgesetzt, so erhält man auch in diesem Fall Aussagen über Fixpunkte T+S (vgl. Aufg. 5.6) .

§ 22. EIGENSCHAFTEN DER FIXPUNKTMENGE

Wir untersuchen nun Eigenschaften von F(T) , der Menge aller Fixpunkte von $T \in \mathcal{R}(\overline{\Omega})$ in $\overline{\Omega}$. Ist $F(T) \neq \emptyset$ und Ω beschränkt, so wissen wir bisher nur, daß F(T) kompakt ist. Unter zusätzlichen Voraussetzungen über T oder X zeigen wir, daß F(T) auch zusammenhängend, also ein Kontinuum ist.
Für einen ersten Satz dieser Art erinnern wir daran, daß X <u>strikt konvex</u> heißt, wenn $|tx+(1-t)y| < 1$ für alle $t \in (0,1)$ und alle $x,y \in \partial K_1(0)$ mit $x \neq y$ gilt. Es ist nicht schwer einzusehen, daß X genau dann strikt konvex ist, wenn die strikte Dreiecksungleichung gilt (d.h. in $|x+y| \leq |x| + |y|$ gilt die Gleichheit nur dann, wenn $x = 0$ oder $y = 0$ oder $x = \alpha y$ mit $\alpha > 0$; siehe [31]) .

<u>Satz 1</u>. Es sei X strikt konvex, $C \subset X$ abgeschlossen, beschränkt und konvex, $T: C \to C$ eine kompakte Kontraktion. Dann ist $F(T) \neq \emptyset$, kompakt und konvex, also insbesondere ein Kontinuum.

<u>Beweis</u>. Nach § 21 bleibt nur noch zu zeigen, daß F(T) konvex ist. Sei $x,y \in F(T)$ und $z = tx+(1-t)y$ für ein $t \in (0,1)$. Es ist $z \in C$ und
$$|x-y| = |Tx - Ty| \leq |Tx - Tz| + |Tz - Ty| \leq |x-z|+|z-y| = |x-y|.$$

In der ersten Ungleichung haben wir also Gleichheit; folglich ist
$Tx - Tz = \lambda(Tz - Ty)$ mit $\lambda \geq 0$, d.h. $Tz = (1+\lambda)^{-1}x + \lambda(1+\lambda)^{-1}y$. Damit
liegen z und Tz auf der Strecke von x nach y ; da aber $|Tz - x|$ =
$|Tz - Tx| \leq |z-x|$ und $|Tz - y| \leq |y-z|$ gilt, haben wir $Tz = z$.

q.e.d.

Im nächsten Satz betrachten wir einen beliebigen Raum X , setzen jedoch
voraus, daß T durch Operatoren T_n gleichmäßig approximierbar ist, für
die $x = T_n x + y$ bei hinreichend kleinem $|y|$ höchstens eine Lösung hat.

<u>Satz 2</u>. Es sei $\Omega \subset X$ offen und beschränkt, $T \in \mathcal{R}(\overline{\Omega})$ und $D(I-T,\Omega,0) \neq 0$.
Außerdem existiere eine Folge $(T_n) \subset \mathcal{R}(\overline{\Omega})$ mit den Eigenschaften
(i) $\delta_n := \sup\{|T_n x - Tx|: x \in \overline{\Omega}\} \to 0$ für $n \to \infty$.
(ii) Die Gleichung $x = T_n x + y$ hat für $|y| \leq \delta_n$ höchstens eine Lösung
aus $\overline{\Omega}$.
Dann ist F(T) ein Kontinuum.

<u>Beweis</u>. Aus $D(I-T,\Omega,0) \neq 0$ folgt $F(T) \neq \emptyset$ und definitionsgemäß $F(T) \cap \partial\Omega$
$= \emptyset$; außerdem ist F(T) kompakt.
Angenommen, F(T) ist nicht zusammenhängend. Dann ist $F(T) = V \cup W$ mit
$V \cap W = \emptyset$, $V \neq \emptyset$ und $W \neq \emptyset$ und V,W abgeschlossen, also auch kompakt;
insbesondere sind damit $\rho(V,W)$, $\rho(V,\partial\Omega)$ und $\rho(W,\partial\Omega)$ positiv. Daher
existieren Umgebungen Ω_1 und Ω_2 von V bzw. W mit $\overline{\Omega}_1 \cap \overline{\Omega}_2 = \emptyset$ und $\overline{\Omega}_1 \cup \overline{\Omega}_2$
$\subset \Omega$. Es sei $\Omega_3 = \Omega \setminus (\overline{\Omega}_1 \cup \overline{\Omega}_2)$ und $S = I-T$.
Aus $Sx \neq 0$ auf $\overline{\Omega}_3$ folgt $\alpha := \rho(0,S(\overline{\Omega}_3)) > 0$. Nach Satz 16.1 haben wir
also

(∗) $\qquad D(S,\Omega,0) = D(S,\Omega_1,0) + D(S,\Omega_2,0)$.

Wir zeigen zunächst, daß $D(S,\Omega_2,0) = 0$ gilt.
Es sei $x_1 \in V$ und $\widetilde{T}_n: \overline{\Omega} \to V$ durch $\widetilde{T}_n x = T_n x - T_n x_1 + x_1$ definiert. Offen-
sichtlich ist $\widetilde{T}_n \in \mathcal{R}(\overline{\Omega})$, $\widetilde{T}_n x_1 = x_1 = Tx_1$ und $|\widetilde{T}_n x - Tx| \leq 2\delta_n$ für $x \in \overline{\Omega}$.
Wir setzen $\widetilde{S}_n = I-\widetilde{T}_n$ und haben $|\widetilde{S}_n x| \geq |Sx| - |\widetilde{T}_n x - T_n x| \geq \alpha-2\delta_n$ für
$x \in \overline{\Omega}_3$. Da $\delta_n \to 0$ nach (i) gilt, können wir also n mit $\rho(0,\widetilde{S}_n(\overline{\Omega}_3)) \geq \beta/2$
wählen. Der durch $H(t,x) = Sx + t(Tx - \widetilde{T}_n x)$ definierte Operator
$H: [0,1] \times \overline{\Omega}_2 \to X$ genügt somit Satz 16.1(3) , da $\partial\Omega_2 \subset \overline{\Omega}_3$ ist. Folglich ist
$D(S,\Omega_2,0) = D(\widetilde{S}_n,\Omega_2,0)$. Nun verwenden wir (ii): die Gleichung $\widetilde{S}_n x = 0$
hat nur die Lösung $x_1 \in \Omega_1$, denn es ist $\widetilde{T}_n x = T_n x + y$ mit $|y|$ =
$|x_1 - T_n x_1| \leq \delta_n$; da also $\widetilde{S}_n x \neq 0$ auf $\overline{\Omega}_2$ gilt, haben wir $D(S,\Omega_2,0)$ =
$D(\widetilde{S}_n,\Omega_2,0) = 0$.
Betrachtet man nun $x_2 \in W$ anstelle von $x_1 \in V$, so ergibt sich entsprechend $D(S,\Omega_1,0) = 0$, folglich $D(S,\Omega,0) = 0$ nach (∗) , in Widerspruch

zur Voraussetzung $D(S,\Omega,0) \neq 0$. $F(T)$ ist also auch zusammenhängend.

$$\text{q.e.d.}$$

<u>Korollar 1</u>. Es sei $\Omega \subset X$ offen und beschränkt, $T \in \mathcal{R}(\overline{\Omega})$ und $(T_n) \subset \mathcal{R}(\overline{\Omega})$ eine Folge mit (i) und (ii) aus Satz 2 . Außerdem existiere ein $x_o \in \Omega$, so daß T der Randbedingung "Aus $Tx - x_o = \alpha(x-x_o)$ für ein $x \in \partial\Omega$ folgt $\alpha < 1$." genügt. Dann ist $F(T)$ ein Kontinuum.

<u>Beweis</u>. Nach dem Beweis zu Satz 21.2 ist $D(I-T,\Omega,0) = 1$. Somit folgt aus Satz 2 die Behauptung.

$$\text{q.e.d.}$$

<u>Korollar 2</u>. Es seien Ω und T wie in Korollar 1 und T außerdem eine Kontraktion. Dann ist $F(T)$ ein Kontinuum.

<u>Beweis</u>. Es ist $D(I-T,\Omega,0) = 1$. Wir betrachten $(k_n) \subset (0,1)$ mit $k_n \to 1$ für $n \to \infty$ und setzen $T_n = k_n T$. Offensichtlich ist $T_n \in \mathcal{R}(\overline{\Omega})$, (ii) und (i) mit $\delta_n = (1-k_n)\sup\{|Tx|: x \in \overline{\Omega}\}$ erfüllt. Damit folgt aus Satz 2 die Behauptung.

$$\text{q.e.d.}$$

<u>Beispiel</u>. Gegeben sei das Anfangswertproblem

$$(*) \qquad x' = f(t,x) \quad \text{für } t \in J = [0,a] \quad , \quad x(0) = x_o \in R^n \quad ,$$

wobei $f: J \times R^n \to R^n$ stetig und $|f(t,x)| \leq M(1+|x|)$ auf $J \times R^n$ für ein $M > 0$.

Nach dem Beispiel in § 16 wissen wir, daß $(*)$ mindestens eine Lösung hat. Mit Satz 2 zeigen wir nun, daß die Menge U aller Lösungen von $(*)$ ein Kontinuum in $C(J)$ ist. Dann ist insbesondere $U(t_o):=\{x(t_o): x \in U\}$ ein Kontinuum des R^n (für $n = 1$ also ein Punkt oder ein abgeschlossenes Intervall) , da die Abbildung $x \to x(t_o)$ von U auf $U(t_o)$ stetig ist. Da $(*)$ zum Integralgleichungssystem

$$(**) \qquad x(t) = x_o + \int_o^t f(s,x(s))ds \qquad (t \in J)$$

äquivalent ist, betrachten wir wieder $X = C(J)$ mit $|\cdot|_o$, definieren $T: X \to X$ durch die rechte Seite von $(**)$ und wissen nach dem Beispiel in § 16: Es existiert ein $c > 0$ mit $|x|_o \leq c$ für alle $x \in U$ (d.h. $x=Tx$), und es ist $D(I-T,K_r(0),0) = 1$ für $r > c$. Nach Satz 5.2 gibt es außerdem eine Folge stetiger Funktionen $f_m: J \times R^n \to R^n$, die nach x stetig differenzierbar sind, so daß $\sup\{|f_n(t,x) - f(t;x)|: t \in J, |x| \leq r\} \to 0$ für $n \to \infty$ gilt. Wir definieren T_n durch

$$(T_n x)(t) = x_o + \int_0^t f_n(s,x(s))ds \quad ,$$

haben $T_n \in \mathcal{R}(\overline{K}_r(0))$ und (i) mit $\Omega = K_r(0)$ erfüllt. Da f_n auf $J \times \overline{K}_r(0)$ offensichtlich einer Lipschitz-Bedingung genügt (d.h. $|f_n(t,x)-f_n(t,x^*)| \le k_n|x-x^*|$ für ein $k_n > 0$) , hat die Gleichung $x = T_n x + y$ sogar für jedes $y \in C(J)$ höchstens eine Lösung aus $\overline{K}_r(0)$; sind nämlich x und x^* Lösungen, so ist mit $\alpha = 2k_n$ und $|x|_\alpha := \max\{|x(t)|e^{-\alpha t}: t \in J\}$

$$|x-x^*|_\alpha \le \max_J\{e^{-\alpha t} \int_0^t k_n|x(s) - x^*(s)|e^{-\alpha s}e^{\alpha s}ds\} \le \tfrac{1}{2}|x-x^*|_\alpha \quad ,$$

d.h. $x = x^*$. Nach Satz 2 ist also U ein Kontinuum in $C(J)$.

§ 23. ISOLIERTE FIXPUNKTE

Ein Fixpunkt x_o von T heißt isoliert, wenn es eine Kugel $K_r(x_c)$ mit $x - Tx \ne 0$ auf $\overline{K}_r(x_o) \setminus \{x_o\}$ gibt. Ist $T \in \mathcal{R}(\overline{\Omega})$ und x_o ein isolierter Fixpunkt von T , so ist $D(I-T,K_\rho(x_o),0)$ für alle hinreichend kleinen ρ dieselbe Zahl, die wir den <u>Index</u> des Fixpunkts x_o von T nennen. Hat T in $\overline{\Omega}$ nur isolierte Fixpunkte und ist $F(T) \cap \partial\Omega = \emptyset$, so ist $F(T)$ eine endliche Menge, und nach Satz 16.1 ist $D(I-T,\Omega,0)$ gleich der Summe der Indizes. Beispielsweise haben wir mit Satz 20.5 bewiesen, daß der Index des Fixpunkts $x = 0$ von $I - \lambda L$ für $L \in \mathcal{L}(X) \cap \mathcal{R}(X)$ und $\lambda^{-1} \notin \Lambda$ gleich $(-1)^{\beta(\lambda)}$ ist.

<u>Satz 1</u>. Es sei X ein B-Raum, $\Omega \subset X$ offen und beschränkt, $T \in \mathcal{R}(\overline{\Omega})$, $x_o \in F(T)$, T differenzierbar in x_o und $\lambda = 1$ kein Eigenwert von $T'(x_o)$. Dann ist x_o ein isolierter Fixpunkt von T mit dem Index $(-1)^\beta$, wobei β die Summe der algebraischen Vielfachheiten der Eigenwerte $\lambda > 1$ von $T'(x_o)$ ist.

<u>Beweis</u>. Nach Satz 20.1 ist $I - T'(x_o)$ ein Homeomorphismus von X auf X (nach Satz 14.2 ist $T'(x_o) \in \mathcal{R}(X)$). Daher existiert ein $c > 0$ mit $|(I - T'(x_o))(x-x_o)| \ge c|x-x_o|$ für alle $x \in X$. Da $x_o = Tx_o$ und T in x_o differenzierbar ist, existiert ein $r > 0$, so daß

$$|Tx - x_o - T'(x_o)(x-x_o)| \le \tfrac{c}{2}|x-x_o| \qquad \text{für } x \in \overline{K}_r(x_o)$$

gilt. Damit genügt $H(t,x) = (I - T'(x_o))(x-x_o) - t[Tx-x_o-T'(x_o)(x-x_o)]$ auf $[0,1] \times \overline{K}_r(x_o)$ den Voraussetzungen aus Satz 16.1(3) ; folglich ist $D(I-T,K_r(x_o),0) = D((I-T'(x_o))(\cdot-x_o),K_r(x_o),0)$. Wir wählen $\rho > r$, so daß $\overline{K}_r(x_o) \subset K_\rho(0)$ gilt, setzen $\tilde{H}(t,x) = x - tx_o - T'(x_o)x + tT'(x_o)x_o$

für $(t,x) \in [0,1] \times \overline{K}_\rho(0)$ und erhalten mit Satz 16.1 und Satz 20.5

$$D((I-T'(x_o))(\cdot-x_o),K_r(x_o),0) = D((I-T'(x_o))(\cdot-x_o),K_\rho(0),0) =$$

$$D(\tilde{H}(1,\cdot),K_\rho(0),0) = D(\tilde{H}(0,\cdot),K_\rho(0),0) = D(I-T'(x_o),K_\rho(0),0) = (-1)^{\beta(1)}.$$

Da $|x-Tx| \geq \frac{c}{2}|x-x_o|$ auf $\overline{K}_r(x_o)$ gilt, ist x_o ein isolierter Fixpunkt von T.

q.e.d.

Addiert man zu T aus Satz 1 einen Operator $T_1 \in \mathcal{R}(\overline{\Omega})$, für den $\sup\{|T_1x|:x \in \overline{\Omega}\}$ hinreichend klein ist, so hat $T+T_1$ nach Satz 16.1 ebenfalls einen Fixpunkt in $K_r(x_o)$. Dieser Fixpunkt ist aber nicht notwendig isoliert. Sind jedoch T und T_1 in einer Umgebung von x_o stetig differenzierbar, so haben wir den

<u>Satz 2</u>. Es seien X,Ω,T und x_o wie in Satz 1. Außerdem sei T stetig differenzierbar in $K_\rho(x_o) \subset \Omega$ und $T_1: K_\rho(x_o) \to X$ stetig differenzierbar. Dann existieren $\varepsilon_o > 0$ und $r > 0$, so daß $T+\varepsilon T_1$ für jedes $\varepsilon \in (-\varepsilon_o,\varepsilon_o)$ in $K_r(x_o)$ genau einen Fixpunkt x_ε hat, und x_ε hängt stetig von ε ab.

<u>Beweis</u>. Wir verwenden den Satz über implizite Operatoren (Satz 3.2). Es sei $S(\varepsilon,x) = x_o+x-T(x_o+x)-\varepsilon T_1(x_o+x)$ für $(\varepsilon,x) \in R^1 \times K_r(0)$. Damit ist $S(0,0) = 0$, S stetig und stetig differenzierbar nach x und $S_x(0,0) = I-T'(x_o)$ ein Homeomorphismus von X auf X. Nach Satz 3.2 existieren also $\varepsilon_o > 0$, $r > 0$ und eine eindeutig bestimmte Abbildung $\phi: (-\varepsilon_o,\varepsilon_o) \to K_r(0)$, so daß $\phi(0) = 0$ und $S(\varepsilon,\phi(\varepsilon)) = 0$ für alle $\varepsilon \in (-\varepsilon_o,\varepsilon_o)$ gilt. Wir setzen $x_\varepsilon = x_o+\phi(\varepsilon)$ und haben $x_\varepsilon = Tx_\varepsilon + \varepsilon T_1 x_\varepsilon$. Nach Satz 3.2 ist ϕ stetig.

q.e.d.

Wir ersetzen nun in Satz 2 den Operator T durch $\lambda_o T$ und T_1 durch T und erhalten das

<u>Korollar 1</u>. Es sei X ein B-Raum, $\Omega = K_\rho(x_o)$, $T \in \mathcal{R}(\overline{\Omega})$ und stetig differenzierbar in Ω , $x_o = \lambda_o T x_o$ und λ_o^{-1} kein Eigenwert von $T'(x_o)$. Dann existiert ein $\varepsilon > 0$ und $r > 0$, so daß die Gleichung $x = \lambda Tx$ für jedes $\lambda \in (\lambda_o-\varepsilon,\lambda_o+\varepsilon)$ genau eine Lösung $x_\lambda \in K_r(x_o)$ hat, und x_λ hängt stetig von λ ab.

Ist jedoch λ_o^{-1} ein Eigenwert von $T'(x_o)$, so sind die Verhältnisse wesentlich komplizierter. Wir zeigen an zwei Beispielen, daß in diesem Fall die Aussage von Korollar 1 gelten kann, daß aber auch mehrere Lösungskurven (λ,x_λ) durch den Punkt (λ_o,x_o) gehen können.

<u>Beispiel 1</u>. Es sei $X = R^2$, $T\colon R^2 \to R^2$ durch $T(x_1,x_2) = (x_1-x_2{}^3,x_1{}^3+x_2)$ definiert, $x_o = (0,0)$ und $\lambda_o = 1$. Offensichtlich ist T in X stetig differenzierbar und $T'(0,0) = I$, also insbesondere $\lambda_o{}^{-1} = 1$ ein Eigenwert von $T'(x_o)$. Aus $x = \lambda Tx$ mit $\lambda \in (0,2)$ folgt $\lambda(x_1{}^4+x_2{}^4) = 0$, d.h. $x = (0,0)$. Damit gilt die Aussage von Korollar 1 mit $\epsilon = 1$ und $x_\lambda = x_o$ für $\lambda \in (0,2)$.

<u>Beispiel 2</u>. Es sei $J = [0,\pi]$, $X = C(J)$ und $T\colon X \to X$ durch

$$(Tx)(t) = \frac{2a}{\pi} \int_0^\pi \sin t \sin s [x(s)+x^3(s)]ds \quad (t \in J, a > 0)$$

definiert. Es ist $(T'(0)x)(t) = 2a\pi^{-1} \int_0^\pi \sin t \sin s\, x(s)ds$, und $T'(0)$ hat nur den einfachen Eigenwert a ; der zugehörige Eigenraum $\Xi(a)$ wird von der Funktion $x(t) = \sin t$ aufgespannt (vgl. Aufg.3.9) . Wir setzen $(\lambda_o,x_o) = (a^{-1},0)$. Wenn $x = \lambda Tx$ nichttriviale Lösungen hat, dann sind sie offensichtlich von der Form $x_\lambda(t) = \alpha(\lambda)\sin t$ mit $\alpha(\lambda) \neq 0$. Durch Einsetzen erhalten wir $\alpha(\lambda) = \pm \frac{2}{\sqrt{3}}(\frac{1}{\lambda a} - 1)^{1/2}$ für $0 < \lambda \leq a^{-1}$, d.h. durch $(a^{-1},0)$ gehen mehrere Lösungskurven.

§ 24. NICHTLINEARE EIGENWERTPROBLEME

An das Korollar 23.1 und die Beispiele 23.1, 23.2 anknüpfend, gehen wir kurz auf die nichtlineare Eigenwerttheorie ein, in der Sätze über implizite Funktionen und der Abbildungsgrad bisher zu den wichtigsten Hilfsmitteln gehören. Diese Theorie ist auch für kompakte Operatoren wesentlich komplizierter, als im linearen Fall, den wir in § 20 skizziert haben.

Es sei X ein B-Raum und $T \in \mathcal{R}(X)$. Wir betrachten die Gleichung

$$(1) \qquad\qquad x = \lambda Tx \qquad \text{für } \lambda \in R^1 ,$$

und nennen λ_o einen <u>charakteristischen Wert</u> (kurz char. Wert) von T , wenn (1) für $\lambda = \lambda_o$ eine Lösung $x_o \neq 0$ hat. Es ist also λ genau dann ein char. Wert von T , wenn λ^{-1} ein Eigenwert ist. Den Punkt x_o nennen wir auch hier einen zu λ_o gehörigen Eigenvektor von T . Abgesehen vom Eigenwert $\lambda = 0$, der z.B. in § 20 sowieso eine Ausnahmerolle spielte, haben wir damit nur eine äquivalente Bezeichnungsweise eingeführt, die z.B. im Zusammenhang mit dem Abbildungsgrad zweckmäßiger ist. Insbesondere können wir nach § 20 sagen, daß $T \in \mathcal{L}(X) \cap \mathcal{R}(X)$ höchstens abzählbar viele char. Werte hat, die sich auch höchstens in $\pm\infty$ häufen können.

Wir erinnern nun zunächst an den Satz 17.1, nach dem T mindestens zwei
char. Werte hat, wenn $|Tx| \geq \alpha > 0$ auf dem Rand einer offenen, be-
schränkten Menge Ω mit $0 \in \Omega$ gilt. Ist T auch stetig differenzierbar,
x_o ein Eigenvektor zum char. Wert λ_o von T , der jedoch nicht char.
Wert von $T'(x_o)$ ist, so gibt es nach Korollar 23.1 sogar ein ganzes
Intervall um λ_o , das nur aus char. Werten besteht, wie in Beispiel
23.2 das Intervall $(0,a^{-1})$; außerdem gehören in demselben Beispiel
zu jedem dieser char. Werte genau zwei Eigenvektoren. Die Menge der
Eigenwerte und zugehörigen Eigenvektormengen sehen also i.a. wesentlich
anders aus, als im linearen Fall. Ein drittes interessantes Problem be-
steht darin, Aussagen über die Menge aller Lösungen (λ, x_λ) mit $x_\lambda \neq 0$ von
(1) zu finden ; im Beispiel 23.1 ist sie für $0 < \lambda < a^{-1}$ genau durch
die beiden stetigen Zweige $(\lambda, \alpha(\lambda)x_o)$ und $(\lambda, -\alpha(\lambda)x_o)$ gegeben, mit
$x_o(t) = \sin t$ für $t \in [0,\pi]$. Diese genannten Fragen wurden bisher am
ergiebigsten beantwortet für Operatoren $T = L+N$, wobei $L \in \mathcal{L}(X) \cap \mathcal{R}(X)$
ist, und die Nichtlinearität N der Bedingung $|Nx|/|x| \to 0$ für $x \to 0$ ge-
nügt. Von dieser Gestalt sind auch die T aus den Beispielen, wenn man
dort $L = T'(0)$ und $N = T-T'(0)$ setzt. Da insbesondere $T(0) = 0$ gilt,
hat (1) für jedes $\lambda \in R^1$ mindestens die triviale Lösung $x_\lambda = 0$.
Wenn nun λ_o kein char. Wert von L ist, so gibt es eine Umgebung von
$(\lambda_o,0)$ (in $R^1 \times X$) , in der keine Lösung (λ, x_λ) von (1) mit $x_\lambda \neq 0$ liegt.
Andernfalls würden Folgen (λ_n) , (x_n) mit $\lambda_n \to \lambda_o$, $x_n \neq 0$, $x_n \to 0$
und $x_n = \lambda_n T x_n$ existieren; für $y_n = |x_n|^{-1} x_n$ hätten wir dann $|y_n| = 1$
und

$$(I-\lambda_o L)y_n = (\lambda_n - \lambda_o)Ly_n + \lambda_n |x_n|^{-1} Nx_n \to 0 \text{ für } n \to \infty ,$$

d.h. $0 \in (I-\lambda_o L)(\partial K_1(0))$, da diese Menge abgeschlossen ist (Satz 14.1),
in Widerspruch zur Annahme über λ_o .
Andererseits kann es, wie das Beispiel 23.2 (mit $\lambda_o = a^{-1}$) zeigt, Punkte $(\lambda_o,0)$ geben, so daß in jeder Umgebung nichttriviale Lösungen liegen. Einen solchen Punkt nennt man <u>Verzweigungspunkt</u> von (1) , und nach
dem gerade Bewiesenen muß dabei λ_o notwendig ein char. Wert von L sein.
Das Beispiel 23.1 zeigt jedoch, daß diese Bedingung an λ_o nicht hinreichend ist ; dort ist $\lambda_o = 1$ ein char. Wert von $L = I$, aber T hat
überhaupt keine char. Werte in $(0,2)$. Um wenigstens eine typische Anwendung des LS-Grads auf die genannten Probleme zu geben, zeigen wir
nun, daß $(\lambda_o,0)$ ein Verzweigungspunkt ist, wenn der char. Wert λ_o eine
ungerade Vielfachheit hat, d.h., wenn die algebraische Vielfachheit des
Eigenwerts λ_o^{-1} ungerade ist ; im Beispiel ist $\lambda_o = 1$ zweifacher Eigenwert.

<u>Satz 1</u>. Es sei $\Omega \subset X$ offen und $0 \in \Omega$, $L \in \mathcal{L}(X) \cap \mathcal{R}(X)$, $N \in \mathcal{R}(\overline{\Omega})$,
$\lim_{x \to 0} |Nx|/|x| = 0$ und λ_o ein charakteristischer Wert ungerader Vielfach-
heit von L . Dann ist $(\lambda_o, 0)$ ein Verzweigungspunkt von (1) mit $T = L+N$.

<u>Beweis</u>. 1. O.B.d.A. $\lambda_o > 0$ (für $\lambda_o < 0$ verläuft der Beweis entsprechend).
Da die char. Werte von L isoliert sind, existiert ein ε mit $0 < \varepsilon < \lambda_o$,
so daß in $J_1 = (\lambda_o - \varepsilon, \lambda_o)$ und $J_2 = (\lambda_o, \lambda_o + \varepsilon)$ keine char. Werte von L
liegen. Sei $\lambda_i \in J_i$ für $i = 1,2$. Nach Satz 20.5 ist

$$\phi(\lambda) := D(I - \lambda L, K_r(0), 0) = (-1)^{\beta(\lambda)}$$

für alle $r > 0$ und $\lambda \in J_1 \cup J_2$, wobei $\beta(\lambda)$ die Summe der Vielfachheiten
der Eigenwerte μ von L mit $\mu > \lambda^{-1}$ bedeutet. Da λ_o^{-1} der einzige Eigenwert in $(\lambda_2^{-1}, \lambda_1^{-1})$ und die Vielfachheit α von λ_o^{-1} ungerade ist, haben
wir daher $\phi(\lambda_2) = \phi(\lambda_1)(-1)^\alpha = -\phi(\lambda_1)$.
2. Nach Satz 20.1 ist $I - \lambda_i L$ ein Homeomorphismus von X auf X . Folglich
existiert ein $c > 0$, so daß $|x - \lambda_i Lx| \geq c|x|$ für $i = 1,2$ und jedes $x \in X$
gilt. Aufgrund des Wachstums von N können wir außerdem $r > 0$ so wählen,
daß $\overline{K}_r(0) \subset \Omega$ und $\lambda_i |Nx| \leq \frac{c}{2}|x|$ für $i = 1,2$ und $|x| \leq r$ gilt. Damit ge-
nügt $H_i(t, \cdot) = I - \lambda_i L - t \lambda_i N$ der Voraussetzung aus Satz 16.1(3) , d.h. wir
haben $D(I - \lambda_i T, K_r(0), 0) = \phi(\lambda_i)$ für $i = 1,2$.
3. Da $\phi(\lambda_1) \neq \phi(\lambda_2)$ ist, genügt $H^*(t, \cdot) = I - [\lambda_1 + t(\lambda_2 - \lambda_1)]T$ nicht der
Voraussetzung von Satz 16.1(3) . Folglich existiert ein $t_o \in (0,1)$ und
ein $x_o \in \partial K_r(0)$, so daß $x_o = \lambda_o T x_o$ mit $\lambda_o = \lambda_1 + t_o(\lambda_2 - \lambda_1) \in (\lambda_1, \lambda_2)$ gilt.
$\hfill$ q.e.d.

Betrachten wir beispielsweise den Spazierstock aus der Einleitung, d.h.
die Integralgleichung

$$(2) \qquad x(s) = \lambda \rho(s) \int_0^1 k(s,t)x(t)dt \cdot \left[1 - \left(\int_0^1 k_s(s,t)x(t)dt\right)^2\right]^{1/2} = 0$$

für $s \in J = [0,1]$; dabei ist $\rho \in C(J)$ positiv und

$$(3) \qquad k(s,t) = \begin{cases} s(1-t) & \text{für } s \leq t \\ t(1-s) & \text{für } s \geq t \end{cases} , \quad k_s(s,t) = \begin{cases} 1-t & \text{für } s < t \\ -t & \text{für } s > t \end{cases} .$$

Durch die rechte Seite von (2) mit $\lambda = 1$ ist offensichtlich ein kompakter, stetig differenzierbarer Operator $T: K_1(0) \to C(J)$ definiert,
denn nach (3) ist insbesondere

$$\left|\int_0^1 k_s(s,t)x(t)dt\right| \leq |x|_o \left|-\int_0^s t\,dt + \int_s^1 (1-t)dt\right| \leq \frac{1}{2}|x|_o .$$

Außerdem ist $L = T'(0)$ durch $(T'(0)x)(s) = \rho(s)\int_0^1 k(s,t)x(t)dt$ gegeben.

Entsprechend unserem Vorgehen im Beispiel zu Satz 20.5 sieht man ein, daß die abzählbar vielen char. Werte von L, d.h. diejenigen λ , für die das lineare Randwertproblem

$$(4) \qquad u''(s)+\lambda\rho(s)u(s) = 0 \quad , \quad u(0) = u(1) = 0$$

nichttriviale Lösungen hat, alle einfach sind (vgl. [40,§ 39]). Nach Satz 1 erhält man daher z.B. die erste kritische Kraft K , indem man das kleinste λ bestimmt, für das (4) nichttrivial lösbar ist. Die in der Einleitung erwähnte Linearisierung führt also hier zum Ziel.

Für eine weitergehende Beschäftigung mit diesen Problemen empfehlen wir [50] , [49] , [52] , [32,Chap.IV,VI] , [25] ; die Sammlung [29] enthält zahlreiche konkrete Beispiele.

ÜBUNGSAUFGABEN

1. Es sei X ein B-Raum, S: X $\to$ X eine k-Kontraktion (k < 1) und $T \in \mathcal{R}(X)$ quasibeschränkt mit $|T|_b + k < 1$ (vgl. Aufg.3.5) . Dann hat T+S mindestens einen Fixpunkt; es ist sogar I-T-S eine Abbildung von X auf X (Anleitung: Satz 21.2).

2. Es sei X ein Hilbert-Raum, $\Omega = K_r(0) \subset X$, $S \in \mathcal{R}(\overline{\Omega})$ und $T \in \mathcal{R}(\overline{\Omega})$. Außerdem gelte $\langle Sx,x \rangle \leq |x|^2$ und $|Tx-Sx| \leq |x-Sx|$ auf $\partial\Omega$. Dann ist $F(S) \neq \emptyset$ und $F(T) \neq \emptyset$.

3. Die Gleichung

$$x(t) = \tfrac{1}{3}t + \tfrac{1}{3}x^2(t) + \tfrac{1}{3}\int_0^1 |x(s)-s|^{1/2}ds \quad (t \in J = [0,1])$$

hat mindestens eine Lösung $x \in C(J)$ mit $0 \leq x(t) \leq 1$ auf J .

4. Es sei X ein Hilbert-Raum und $C \subset X$ abgeschlossen, beschränkt und konvex. Dann existiert ein P: X $\to$ C mit Px = x auf C und $|Px-Py| \leq |x-y|$ für $x,y \in X$. Im Sonderfall $C = \overline{K}_r(0)$ ist $Px = r|x|^{-1}x$ für $|x| > r$.
Anleitung: (a) Zu $x \in X$ existiert genau ein $Px \in C$ mit $|x-Px| = \rho(x,C)$: Man wähle $(y_n) \subset C$ mit $|y_n-x| \to \rho(x,C)$ und setze $u = \tfrac{1}{2}(y_n-x)$, $v = \tfrac{1}{2}(y_m-x)$ in die Parallelogrammgleichung $|u+v|^2 + |u-v|^2 = 2(|u|^2 + |v|^2)$ ein; Folgerung: (y_n) ist Cauchy-Folge; setze $Px = \lim y_n$; ist auch $|x-y| = \rho(x,C)$, so ist die Folge Px,y,Px,y,... eine Cauchy-Folge.
(b) Es ist $\langle x-Px,Px-y \rangle \geq 0$ für alle $y \in C$: Für $\tilde{y} = ty+(1-t)Px$ mit $t \in (0,1]$ berechne man $|x-Px|^2 - |x-\tilde{y}|^2$, beachte $|x-Px| \leq |x-\tilde{y}|$,

dividiere durch t und lasse $t \to 0$.

(c) Nach (b) ist $<x-Px,Px-Py> \geq 0$ für alle $x,y \in X$; man vertausche x mit y , addiere beide Ungleichungen und beachte die CSU : $|<u,v>| \leq |u||v|$.

5. Es seien X und C wie in Aufg.4 , $T \in \mathcal{R}(C)$ und $S: C \to X$ eine strikte Kontraktion; außerdem sei $(T+S)(C) \subset C$. Dann ist $F(T+S) \neq \emptyset$. Anleitung: Man betrachte $(I-SP)^{-1}TP$ auf $\overline{K}_r(0) \supset C$, mit P aus Aufg.4 .

6. Es sei X ein H-Raum, $C = \overline{K}_r(0) \subset X$, T und S wie in Aufg.5 , und an Stelle von $(T+S)(C) \subset C$ gelte die Bedingung "Aus $Tx+Sx = \alpha x$ für ein $x \in \partial C$ folgt $\alpha \leq 1$". Dann ist $F(T+S) \neq \emptyset$.

7. Es sei X ein H-Raum, $L \in \mathcal{R}(X) \cap \mathcal{L}(X)$, $\lambda > 0$ ein einfacher Eigenwert von L , $Lx_o = \lambda x_o$ und $|x_o| = \lambda^{-1}$. Dann ist x_o ein isolierter Fixpunkt von $T: X \to X$, definiert durch $Tx = |x|Lx$. Anleitung: Satz 23.1 und Aufg. 3.10 .

8. Es sei K der Operator aus Aufg.3.9 und $0 < \frac{b}{2} < a < b$. Dann sind $(a^{-1},0)$, $(b^{-1},0)$ die einzigen Verzweigungspunkte von K , und die durch $(b^{-1},0)$ gehenden Zweige verzweigen sich bei $\lambda = \frac{2b-a}{ab}$ weiter.

9. Es sei $\Omega \subset X$ offen und beschränkt; $0 \in \Omega$; L,N und λ_o wie in Satz 24.1 und $T = L+N$. Außerdem sei $x \neq \lambda_o Tx$ auf $\partial\Omega$. Dann existiert ein $\varepsilon > 0$, so daß mindestens eines der Intervalle $(\lambda_o-\varepsilon,\lambda_o)$, $(\lambda_o,\lambda_o+\varepsilon)$ ganz zur Menge der char. Werte von T gehört. Anleitung: Man wähle ε so klein, daß $\psi(\lambda) := D(I-\lambda T,\Omega,0) = \psi(\lambda_o)$ für $|\lambda-\lambda_o| < \varepsilon$ gilt und diese λ keine char. Werte von L sind; beachte den Beweis von Satz 1 und $\psi(\lambda) = D(I-\lambda L,K_r(0),0)+D(I-\lambda T,\Omega \setminus \overline{K}_r(0),0)$ für $\lambda \neq \lambda_o$ und kleine r .

10. Es sei X ein B-Raum; $T \in \mathcal{R}(X)$ und asymptotisch linear mit der linearen Asymptote L (vgl. Aufg.3.5); $x_1,x_2 \in F(T)$ und $\lambda = 1$ kein Eigenwert von L und $T'(x_i)$ für $i = 1,2$. Dann hat T noch einen Fixpunkt. Anleitung: Man zeige $L \in \mathcal{R}(X)$, $D(I-T,K_r(0,0) = D(I-L,K_r(0),0)$ für großes r , und beachte Satz 23.1 und die Vorbemerkung über den Fixpunktindex.

Kapitel 5. Der Leray-Schauder-Grad in lokalkonvexen Räumen

In den beiden letzten Kapiteln haben wir uns auf normierte Räume beschränkt, da man in den meisten Anwendungen mit diesen Räumen auskommt,
und zunächst gezeigt werden sollte, auf welche Klasse von Operatoren
in unendlichdimensionalen Räumen der Abbildungsgrad von Brouwer unter
Erhaltung seiner wichtigen Eigenschaften mühelos übertragen werden
kann. Nun sind normierte Räume spezielle lokalkonvexe topologische Vektorräume, und wenn man sich die Schlußweisen aus dem dritten Kapitel
vergegenwärtigt, so stellt der mit diesen allgemeineren Räumen etwas
Vertraute leicht fest, daß an den wichtigen Stellen die Norm-Kugeln
durch offene konvexe Mengen ersetzt werden können. Es ist daher naheliegend, daß auch für kompakte Störungen der Identität in lokalkonvexen
Räumen ein Abbildungsgrad mit den Eigenschaften aus Kap. 3 erklärt werden kann.
Diese Verallgemeinerung wurde u.a. von Nagumo [42] vorgenommen und beruht wieder auf der Approximierbarkeit kompakter Operatoren durch endlichdimensionale Operatoren. Um eine echte Verallgemeinerung der Definition 16.1 zu erhalten, dürfen wir jedoch nicht mehr voraussetzen, daß
die offenen Mengen Ω beschränkt sind, denn auf einem lokalkonvexen Raum,
der eine offene beschränkte Teilmenge hat, kann man eine Norm definieren, welche die gegebene Topologie erzeugt. Deshalb verwenden wir im
endlichdimensionalen Fall die Def. 12.1 an Stelle der Def. 8.1. Klee
[30] hat sogar in allgemeinen topologischen Vektorräumen einen Abbildungsgrad für die genannte Operatorenklasse definiert; da in dieser
Allgemeinheit die erwähnte Approximierbarkeit vorausgesetzt werden
muß, gehen wir hier nicht darauf ein.

§ 25. HILFSMITTEL AUS DER THEORIE TOPOLOGISCHER VEKTORRÄUME

Wir stellen hier nur Definitionen und Sätze zusammen, die im folgenden
benötigt werden. Beweise findet man z.B. in [23] , [31] , [62] .

Im ganzen Kapitel ist X stets ein Vektorraum über $\mathbb{R}$.

I. Eine Teilmenge Ω von T heißt <u>absorbant</u> , wenn für jedes $x \in X$ ein $\alpha \in \mathbb{R}$ mit $x \in \alpha\Omega = \{\alpha y : y \in \Omega\}$ existiert; sie heißt <u>kreisförmig</u> , wenn $\alpha\Omega \subset \Omega$ für alle α mit $|\alpha| \leq 1$ gilt.

II. Auf X sei eine Topologie gegeben. (X,τ) heißt <u>topologischer Vektor-</u><u>raum</u> , wenn die Addition A: $(x,y) \to x+y$ und die skalare Multiplikation S: $(\alpha,x) \to \alpha x$ stetig sind; dabei setzen wir stets voraus, daß τ separiert ist, daß es also zu verschiedenen Punkten Umgebungen mit leerem Durchschnitt gibt.

Aufgrund der Stetigkeit von A und S genügt es, das System $\mathcal{U}(0)$ der Nullumgebungen zu betrachten; das Umgebungssystem eines beliebigen Punktes x_0 ist durch $\mathcal{U}(x_0) = x_0 + \mathcal{U}(0)$ gegeben. Man darf außerdem annehmen, daß $\mathcal{U}(0)$ folgende Eigenschaften hat:

(a) Ist $U \in \mathcal{U}(0)$ und $\alpha \neq 0$, so ist $\alpha U \in \mathcal{U}(0)$ (Stetigkeit von S und S^{-1}) .

(b) Zu $U \in \mathcal{U}(0)$ existiert ein $V \in \mathcal{U}(0)$ mit $V+V \subset U$ (Stetigkeit von A) .

(c) Jedes $U \in \mathcal{U}(0)$ ist offen, absorbant und kreisförmig.

(d) $\bigcap_{U \in \mathcal{U}(0)} U = \{0\}$ (Separiertheit) .

Jeder n-dimensionale Unterraum eines topologischen Vektorraums ist mit der induzierten Topologie homeomorph zu R^n . Damit ist ein solcher Unterraum abgeschlossen.

$\Omega \subset X$ heißt <u>beschränkt</u> , wenn zu jedem $U \in \mathcal{U}(0)$ ein $\lambda_U > 0$ mit $\Omega \subset \lambda_U U$ existiert. Ω heißt <u>kompakt</u> , wenn aus jeder offenen Überdeckung von Ω endlich viele Mengen ausgewählt werden können, die insgesamt Ω überdecken; Ω heißt relativ kompakt, wenn $\overline{\Omega}$ kompakt ist.

III. Ein topologischer Vektorraum X heißt lokalkonvex, kurz: <u>lokalkon-</u><u>vexer Raum</u> , wenn er eine Nullumgebungsbasis $\mathcal{U}(0)$ hat, für die außer (a) - (d) auch

(e) Jedes $U \in \mathcal{U}(0)$ ist konvex .

gilt. Für $U \in \mathcal{U}(0)$ nennt man $p_U: X \to \mathbb{R}$, definiert durch $p_U(x) = \inf\{\alpha : x \in \alpha U\}$, das Minkowski-Funktional von U . Das Funktional p_U ist eine Halbnorm, d.h. es gilt $p_U(x) \geq 0$, $p_U(\alpha x) = |\alpha| p_U(x)$ und $p_U(x+y) \leq p_U(x) + p_U(y)$,für alle $\alpha \in \mathbb{R}$ und $x,y \in X$. Jedes p_U ist stetig, und es ist $U = \{x \in X : p_U(x) < 1\}$.

Ein lokalkonvexer Raum ist genau dann normierbar, wenn er eine beschränkte offene Teilmenge hat (Satz von Kolmogoroff) .

§ 26. KOMPAKTE OPERATOREN

Es sei X ein lokalkonvexer Raum und $\Omega \subset X$. Wir nennen F: $\Omega \to X$ kompakt, wenn F stetig und F(Ω) relativ kompakt ist; F heißt endlichdimensional, wenn F(Ω) in einem endlichdimensionalen Unterraum von X liegt. Wir bezeichnen mit $\mathcal{R}_o(\Omega)$ die Klasse aller kompakten Operatoren und mit $\mathcal{F}_o(\Omega)$ die Klasse aller endlichdimensionalen kompakten Operatoren von Ω in X . Ist X speziell ein normierter Raum und $\Omega \subset X$ unbeschränkt, so gilt $\mathcal{R}_o(\Omega) \subsetneq \mathcal{R}(\Omega)$ und $\mathcal{F}_o(\Omega) \subsetneq \mathcal{F}(\Omega)$. Einigen Teilen aus Satz 14.1 entspricht der

<u>Satz 1</u>. Es sei X ein lokalkonvexer Raum, $\Omega \subset X$ und $F_o \in \mathcal{R}_o(\Omega)$. Dann gilt

(1) Zu U $\in \mathcal{U}(0)$ existiert ein $F_U \in \mathcal{F}_o(\Omega)$ mit $F_o x - F_U x \in U$ für alle $x \in \Omega$.

(2) Der Operator $F = I - F_o$ bildet abgeschlossene Teilmengen von Ω auf abgeschlossene Teilmengen ab.

<u>Beweis</u>. (1) Da $\overline{F_o(\Omega)}$ kompakt ist, existieren zu U Punkte $y_1, \ldots, y_n \in \overline{F_o(\Omega)}$, so daß $F_o(\Omega) \subset \bigcup_{i=1}^{m} (y_i + U)$ gilt. Mit $\phi_i: \Omega \to \mathbb{R}$ und $\lambda_i: \Omega \to \mathbb{R}$, definiert durch

$$\phi_i(x) = \max\{0, 1 - p_U(F_o x - y_i)\} \quad \text{und} \quad \lambda_i(x) = \{\sum_{i=1}^{m} \phi_i(x)\}^{-1} \phi_i(x)$$

setzen wir $F_U x = \sum_{i=1}^{m} \lambda_i(x) y_i$ für $x \in \Omega$. Es ist $F_U \in \mathcal{F}_o(\Omega)$ und

$$p_U(F_o x - F_U x) \leq \sum_{i=1}^{m} \lambda_i(x) p_U(F_o x - y_i) < 1 \quad ,$$

d.h. $F_o x - F_U x \in U$ für jedes $x \in \Omega$.

(2) Es sei $\Omega^* \subset \Omega$ abgeschlossen. Wir zeigen, daß $X \setminus F(\Omega^*)$ offen ist. Es sei $y \in X \setminus F(\Omega^*)$. Da $X \setminus \Omega^*$ offen ist, existiert zu jedem $x \notin \Omega^*$ ein $U_x \in \mathcal{U}(x)$ mit $U_x \cap \Omega^* = \emptyset$. Ist jedoch $x \in \Omega^*$, so existiert wegen $x \neq y + F_o x$ und der Stetigkeit von F_o ein $U_x \in \mathcal{U}(x)$ mit $U_x \cap (y + F_o(U_x)) = \emptyset$. Da $y + F_o(\Omega^*)$ relativ kompakt ist, gibt es Punkte $y_1, \ldots, y_m \in X$ mit $y + F_o(\Omega^*) \subset \bigcup_{i=1}^{m} (y_i + \frac{1}{2} U_i)$, wobei $U_i := U_{y_i} - y_i \in \mathcal{U}(0)$ ist. Wir behaupten, daß $(y + U) \cap F(\Omega^*) = \emptyset$ für $U = \bigcap_{i=1}^{m} (\frac{1}{2} U_i) \in \mathcal{U}(0)$ gilt. Angenommen, die Behauptung ist falsch. Dann existiert ein $x \in \Omega^*$ mit $x - F_o x \in y + U$, folglich $x \in y + F_o x + U$. Da $y + F_o x \in y_i + \frac{1}{2} U_i \subset U_{y_i}$ für ein $i \leq m$ gilt, haben wir somit $x \in y_i + \frac{1}{2} U_i + \frac{1}{2} U_i \subset U_{y_i}$. Für $y_i \notin \Omega^*$ erhalten wir also $x \in U_{y_i} \cap \Omega^* = \emptyset$, und für $y_i \in \Omega^*$ haben wir $y + F_o x \in U_{y_i} \cap (y + F_o(U_{y_i})) = \emptyset$, also in beiden Fällen einen Widerspruch.

q.e.d.

Nun sei X lokalkonvex, $\Omega \subset X$ offen, $F = I-F_0$ mit $F_0 \in \mathcal{R}_0(\overline{\Omega})$ und $y \notin F(\partial\Omega)$.
Nach Satz 1 existiert dann ein $U \in \mathcal{U}(0)$ mit $(y+U) \cap F(\partial\Omega) = \emptyset$ und ein
$F_1 \in \mathcal{F}_0(\overline{\Omega})$ mit $F_0 x - F_1 x \in U$ für jedes $x \in \overline{\Omega}$. Nun sei X_1 ein Unterraum
von X mit dim $X_1 < \infty$, $F_1(\overline{\Omega}) \subset X_1$, $y \in X_1$ und $\Omega \cap X_1 \neq \emptyset$. Dann ist $\Omega_1 =$
$\Omega \cap X_1$ offen in X_1 , $(I-F_1)(\overline{\Omega}_1) \subset X_1$ und $y \notin (I-F_1)(\partial\Omega_1)$. Da X_1 homeomorph
zu R^n (n = dim X_1) und $[I-(I-F_1)](\overline{\Omega}_1) = F_1(\overline{\Omega}_1)$ beschränkt ist, können
wir $d((I-F_1)|_{\overline{\Omega}_1} , \Omega_1, y)$ wie in § 15 definieren, indem wir im R^r Def.
12.1 anstelle von Def. 8.1 verwenden. Aus Satz 8.2 , gemäß § 12 modi-
fiziert, folgt dann, wie am Anfang von § 16 , daß $d((I-F_1)|_{\overline{\Omega}_1}, \Omega_1, y)$ für
jede Wahl von X_1 und F_1 mit den angegebenen Eigenschaften dieselbe Zahl
ist.

Wir nennen die ganze Zahl $D(F,\Omega,y) := d((I-F_1)|_{\overline{\Omega}_1}, \Omega_1, 0)$ den LS-Grad von
F auf Ω bzgl. y . Dieser LS-Grad hat sämtliche Eigenschaften aus Satz
16.1 . Wir formulieren nur die Änderung im Wortlaut.

<u>Satz 2</u>. Es sei X ein lokalkonvexer Raum und $M = \{(F,\Omega,y): \Omega \subset X$ offen,
$F = I-F_0$ mit $F_0 \in \mathcal{R}_0(\overline{\Omega})$, $y \in X \setminus F(\partial\Omega)\}$. Dann hat der LS-Grad $D: M \to \mathbb{Z}$
folgende Eigenschaften:
(1') und (2') wie (1) und (2) aus Satz 16.1 .
(3') Ist $H = I-H_0$ mit $H_0 \in \mathcal{R}_0([0,1]\times\overline{\Omega})$ und $y \notin H([0,1]\times\partial\Omega)$, dann hängt
    $D(H(t,\cdot),\Omega,y)$ nicht von t ab.
(4') Es sei $U \in \mathcal{U}(0)$ mit $(y+U) \cap F(\partial\Omega) = \emptyset$. Dann ist $D(F,\Omega,y) = D(G,\Omega,y)$
    für jedes $G = I-G_0$ mit $G_0 \in \mathcal{R}_0(\overline{\Omega})$ und $\sup\{p_U(G_0 x - F_0 x): x \in \overline{\Omega}\} < 1$.
(5') und (6') wie (5) und (6) aus Satz 16.1 .
(7') wie (7) mit $G_0 \in \mathcal{R}_0(\overline{\Omega})$, (8') und (9') wie (8) und (9) .

<u>Beweis</u>. Wir beschränken uns darauf, am Nachweis von (2') die modifi-
zierte Schlußweise zu zeigen.
Es sei $D(F,\Omega,y) \neq 0$. Angenommen, $y \notin F(\overline{\Omega})$. Dann existiert ein $U \in \mathcal{U}(0)$
mit $(y+U) \cap F(\overline{\Omega}) = \emptyset$. Zu U gibt es ein $F_1 \in \mathcal{F}_0(\overline{\Omega})$ mit $F_1 x - F_0 x \in U$ für
alle $x \in \overline{\Omega}$ und

$$D(F,\Omega,y) = D(I-F_1,\Omega,y) = d((I-F_1)|_{\overline{\Omega}_1}, \Omega_1, y) \neq 0 .$$

Damit existiert ein $x_0 \in \Omega_1 \subset \Omega$ mit $x_0 - F_1 x_0 = y$, d.h. $Fx_0 - y =$
$F_1 x_0 - F_0 x_0 \in U$, in Widerspruch zur Wahl von U .
q.e.d.

An den Beweisen in Kap. 3 erkennt man, daß der Satz von Borsuk, der
Satz über offene Abbildungen und die Produkteigenschaft auch in lokal-

konvexen Räumen gelten, wenn die jeweiligen Operatoren F_o aus $\mathcal{R}_o(\cdot)$ sind.

§ 27. DER FIXPUNKTSATZ VON A. TYCHONOFF

Der Fixpunktsatz von Schauder (1930) wurde 1935 von A. Tychonoff auf lokalkonvexe Räume übertragen.

<u>Satz 1 (Tychonoff)</u>. Es sei X ein lokalkonvexer Raum, $C \subset X$ abgeschlossen, beschränkt und konvex, $T \in \mathcal{R}_o(C)$ und $T(C) \subset C$. Dann hat T einen Fixpunkt. Die Behauptung gilt insbesondere, wenn C kompakt und konvex und $T: C \to C$ stetig ist.

<u>Beweis</u>. Da $\overline{T(C)}$ kompakt ist, existieren zu $U \in \mathcal{U}(0)$ Punkte $y_1,\dots,y_m \in \overline{T(C)} \subset C$ mit $T(C) \subset \bigcup_{i=1}^{m} (y_i + U)$. Es sei X_1 der von $y_1,\dots,y_m$ aufgespannte Unterraum und $T_U x = \sum_{i=1}^{m} \lambda_i(x) y_i$ für $x \in C$, mit λ_i aus dem Beweis von Satz 26.1 . Da die $y_i \in C$ sind und $0 \leq \lambda_i(x) \leq 1$, $\sum_{i=1}^{m} \lambda_i(x) = 1$ gilt, haben wir $T_U(C) \subset C \cap X_1$, also insbesondere $T_U(C \cap X_1) \subset C \cap X_1$. Da $C \cap X_1$ kompakt und konvex ist, existiert nach dem Fixpunktsatz von Brouwer ein $x_U \in C \cap X_1 \subset C$ mit $x_U = T_U x_U$. Angenommen, T hat keinen Fixpunkt; dann gibt es wegen der Abgeschlossenheit von $(I-T)(C)$ ein $V \in \mathcal{U}(0)$ mit $x - Tx \notin V$ für alle $x \in C$, in Widerspruch zu $x_V - Tx_V = T_V x_V - Tx_V \in V$.

q.e.d.

Offensichtlich bleibt Satz 1 richtig, wenn C nur zu einer abgeschlossenen, beschränkten und konvexen Menge homeomorph ist. Außerdem sieht man sofort, daß das Korollar 21.1 und der Satz 21.2 ($\Omega \subset X$ offen und $T \in \mathcal{R}_o(\overline{\Omega})$) auch in lokalkonvexen Räumen gelten.

<u>Beispiel 1</u>. Das Anfangswertproblem für das unendliche Differentialgleichungssystem

$$(1) \qquad x_i' = f_i(t, x_1, x_2, \dots) \quad , \quad x_i(0) = x_{oi} \quad (i \in \mathbb{N}, t \in J = [0, a])$$

hat mindestens eine Lösung, wenn jedes f_i nur von einer endlichen Anzahl m_i der x_j abhängt, $f_i: J \times R^{m_i} \to R^1$ stetig und $|f_i(t,x)| \leq M_i < \infty$ auf $J \times R^{m_i}$ ist.

Wir betrachten den Raum X aller Funktionenfolgen $x = (x_1, x_2, \dots)$ mit $x_i \in C(J)$ und $|x_i|_o = \max_J |x_i(t)|$. Man rechnet leicht nach, daß durch

$$d(x,y) = \sum_{i \geq 1} 2^{-i} \frac{|x_i - y_i|_o}{1 + |x_i - y_i|_o}$$

auf X eine Metrik definiert ist, die aus X einen metrischen lokalkon-
vexen Raum macht (die $K_\varepsilon(0)$ mit $\varepsilon > 0$ bilden eine Nullumgebungsbasis).
Offensichtlich konvergiert x^n gegen x [d.h. $d(x^n,x) = d(x^n-x,0) \to 0$]
genau dann, wenn $\lim_{n \to \infty} |x_i^n - x_i|_o = 0$ für jedes $i \in \mathbb{N}$ gilt.

Da für $x \in X$ die Funktionen $t \to f_i(t,x(t))$ aus C(J) sind, ist (1) äquivalent zum Integralgleichungssystem

$$(2) \qquad x_i(t) = x_{oi} + \int_0^t f_i(s,x(s))ds \qquad\qquad (i \in \mathbb{N}, t \in J) \ .$$

Wir setzen $C = \{x \in X : |x_i(t)| \leq M_i a \ , \ |x_i(t) - x_i(\tilde{t})| \leq M_i |t - \tilde{t}|$ für alle
$i \in \mathbb{N}$ und $t, \tilde{t} \in J\}$ und definieren $T: C \to X$ durch $(Tx)_i(t) = x_{oi} +$
$\int_0^t f_i(s,x(s))ds$. Aus (2) folgt sofort $T(C) \subset C$. Außerdem ist T stetig,
denn aus $d(x^n,x) \to 0$ folgt $|x_i^n - x_i|_o \to 0$, also auch $|(Tx^n)_i - (Tx)_i|_o \to 0$
für jedes $i \in \mathbb{N}$ (da f_i nur von endlich vielen x_j abhängt) , und somit
$d(Tx^n, Tx) \to 0$ für $n \to \infty$. Die Menge C ist offenbar konvex. Sie ist auch
kompakt, denn für $(x^n) \subset C$ folgt aus dem Satz von Ascoli-Arzelà, daß
(x_1^n) eine in C(J) konvergente Teilfolge $(x_1^{n_1})$ hat $(x_1^{n_1} \to x_1)$, daß
$(x_2^{n_1})$ eine Teilfolge $(x_2^{n_2})$ hat $(x_2^{n_2} \to x_2)$, usw.; für die Diagonal-
folge (x^{n_n}) gilt somit $|x_i^{n_n} - x_i|_o \to 0$ für jedes i , also auch $d(x^{n_n},x)$
$\to 0$ für $n \to \infty$ und $x = (x_1,x_2,\ldots)$. Nach Satz 1 hat also (2) , und damit auch (1) , mindestens eine Lösung.

<u>Beispiel 2</u>. Es sei E der B-Raum aller beschränkten Folgen $x = (x_n) \in \mathbb{R}$
mit $|x| = \sup_n |x_n|$. Das Anfangswertproblem für die gewöhnliche Differen-
tialgleichung in E

$$(3) \qquad x' = f(t,x) \ , \quad x(0) = x_o \in E \qquad\qquad (t \in J = [0,a])$$

hat mindestens eine Lösung, wenn $f: J \times E \to E$ stetig ist, jedes f_i nur
von $m_i < \infty$ der x_j abhängt und $|f(t,x)| \leq M(1 + |x|)$ auf $J \times E$ gilt.
Da $f: J \times E \to E$ stetig ist, sind auch die Funktionen $t \to f(t,x(t))$ stetig,
wenn $x: J \to E$ stetig ist. Damit ist (3) äquivalent zu (2) aus Beispiel
1 . Wir betrachten wieder X , d und T aus Beispiel 1 . Nach (2) haben
wir für jede Lösung

$$|x_i(t)| \leq |x_{oi}| + \int_0^t M(1 + |x(s)|)ds \qquad ,$$

also auch

$$|x(t)| \leq |x_o| + \int_o^t M(1+|x(s)|)ds \quad .$$

Nach dem Beispiel in § 16 ist damit $|x(t)| \leq (|x_o|+Ma)e^{Mt} =: \phi(t)$.
Wir setzen

$$C = \{x: J \to E \text{ stetig} , |x(t)| \leq \phi(t) , |x(t)-x(\tilde{t})| \leq M(1+\phi(a))|t-\tilde{t}|\} \quad .$$

C ist offensichtlich konvex und kompakt bzgl. der Metrik d . T bildet
C in sich ab und ist stetig. Nach Satz 1 existiert ein Fixpunkt von T ,
und dieser ist eine Lösung von (3) .

Es ist zu beachten, daß wir in Beispiel 2 nicht mit dem Fixpunktsatz
von Schauder auskommen, da C z.B. nicht kompakt bzgl. der Norm $\max_J|x(t)|$
ist. Der angegebene Satz ist falsch, wenn wir für E den kleineren Raum
c_o nehmen.

__Gegenbeispiel.__ $f_n(t,x) = 2\sqrt{|x_n|}$ und $x_{on} = 1/n^2$ für $n \in \mathbb{N}$. Offensicht-
lich ist $x_o \in c_o$, $f: J \times c_o \to c_o$ stetig und $|f(t,x)| \leq 2(1+|x|)$. Aus
$x' = f(t,x)$ und $x(0) = x_o$ folgt jedoch $x_n(t) = (t+\frac{1}{n})^2$ für alle $n \in \mathbb{N}$,
d.h. $x(t) \notin c_o$ für $t > 0$.

Dieses Gegenbeispiel zeigt, daß der Existenzsatz aus dem Beispiel in
§ 16 nicht gilt, wenn in ihm R^n durch einen beliebigen B-Raum E mit
$\dim E = \infty$ ersetzt wird.

ÜBUNGSAUFGABEN

1. Es sei X ein metrischer Raum, Y ein lokalkonvexer Raum, $A \subset X$ abgeschlossen und F: A $\to$ Y stetig. Dann existiert eine stetige Fortsetzung $\tilde{F}$ von F auf X mit $\tilde{F}(X) \subset \text{konv}(F(A))$.
2. Es sei X ein separabler, reflexiver normierter Raum, $C \subset X$ abgeschlossen, beschränkt und konvex, und T: C $\to$ C schwachstetig (d.h.
   aus $x_n \rightharpoonup x$ folgt $Tx_n \rightharpoonup Tx$) . Dann hat T einen Fixpunkt.
   Anleitung: Aus $X^{**} = J(X)$ separabel folgt X^* separabel; mit (x_i^*)
   dicht in X^* (bzgl. der Norm von X^*) betrachte man auf X die Metrik

$$d(x,y) = \sum_{i \geq 1} 2^{-i} \cdot \frac{|x_i^*(x-y)|}{1+|x_i^*(x-y)|} \quad .$$

3. Es sei X wie in Aufg. 2 , T: X $\to$ X schwachstetig und quasibeschränkt
   mit $|T|_b < 1$ (vgl. Aufg. 3.5) . Dann ist I-T eine Abbildung von X
   auf X .

4. Die Volterra-Integralgleichung

$$x(t) = g(t) + \int_0^t k(t,s,x(s))ds \qquad (t \in R_+^1 = [0,\infty))$$

hat mindestens eine auf R_+^1 stetige Lösung, wenn g: $R_+^1 \to R^1$ stetig,
k: $R_+^1 \times R_+^1 \times R^1 \to R^1$ stetig und $|k(t,s,x)| \leq M(s)(1+|x|)$ mit M: $R_+^1 \to R^1$
stetig gilt.

Anleitung: Für jede Lösung x ist

$$|x(t)| \leq \phi(t) + \int_0^t \phi(s)M(s)\exp\left(\int_s^t M(\tau)d\tau\right)ds \quad ,$$

mit $\phi(t) = |g(t)| + \int_0^t M(s)ds$. Mit $p_n(x) = \max\{|x(t)|:t \in [0,n]\}$ be-

trachte man auf C(J) die Metrik $d(x,y) = \sum_{i \geq 1} 2^{-i} \dfrac{p_n(x-y)}{1+p_n(x-y)}$.

5. Es sei X ein reflexiver B-Raum, $C = \overline{K}_r(0) \subset X$, T: C $\to$ X stark kompakt (d.h. aus $x_n \rightharpoonup x$ folgt $Tx_n \to Tx$) und S: C $\to$ X eine Kontraktion
   mit der Eigenschaft: Aus $x_n \rightharpoonup x$ und $x_n-Sx_n \to y$ folgt $x-Sx = y$. Ist
   $(T+S)(C) \subset C$, dann hat T+S einen Fixpunkt.
   Anleitung: Es ist $T \in \mathcal{R}(C)$; man betrachte $k_n(T+S)$ mit $k_n \in (0,1)$ und
   $k_n \to 1$.

6. Es sei X ein H-Raum, $C \subset X$ abgeschlossen, beschränkt und konvex,
   T: C $\to$ X stark kompakt, S: C $\to$ X eine Kontraktion und $(T+S)(C) \subset C$.
   Dann ist $F(T+S) = \emptyset$.
   Anleitung: Man setze S als Kontraktion auf X fort (Aufg. 4.4) ; diese erfüllt die Zusatzbedingung aus Aufg. 5: aus $\langle z-Sz-(x_n-Sx_n),z-x_n\rangle$
   ≥ 0 für jedes $z \in X$ folgt $\langle z-Sz-y,z-x\rangle \geq 0$; man setze z = x+tv mit
   $v \in X$ und t > 0 , dividiere durch t , lasse t $\to$ 0 gehen und setze
   v = y+Sx-x .

Kapitel 6. Abbildungsgrad und Projektionsmethoden

In den letzten Kapiteln haben wir mit Hilfe des Leray-Schauder-Grades
eine Reihe von Existenzaussagen für Gleichungen der Form Fx = y in normierten bzw. lokalkonvexen Räumen aufgestellt, wobei F eine kompakte
Störung der Identität war. Während man z.B. im Fall der Anwendbarkeit
des Fixpunktsatzes von Banach gleichzeitig ein Verfahren zur näherungs-
weisen Berechnung der Lösung erhält, haben wir uns bei kompakten Störungen um diese für praktische Zwecke wichtige Frage wenig gekümmert.
Im wesentlichen hat sich die Existenz endlichdimensionaler Teilräume X_n
und Operatoren F_n ergeben, so daß (F_n) gleichmäßig auf $\overline{\Omega}$ gegen F konvergiert, die Gleichung $F_n x = y$ für hinreichend große n eine Lösung $x_n \in$
$\Omega \cap X_n$ hat (falls $D(F,\Omega,y) \neq 0$ ist) und eine Teilfolge von (x_n) gegen
eine Lösung von Fx = y konvergiert. Dabei ist die Wahl der X_n und F_n
unübersichtlich, d.h. wir haben bisher nur ein theoretisches Näherungsverfahren. Immerhin deutet es schon an, worauf wir im folgenden Wert
legen.
Wir wollen das Problem Fx = y durch endlichdimensionale Probleme $F_n x =$
y_n ersetzen, wobei (F_n) und (y_n) in einem festzulegenden Sinn gegen F
bzw. y konvergieren, $F_n x = y_n$ eine Lösung x_n hat und (x_n) gegen eine
Lösung von Fx = y konvergiert. Der Unterschied zum Bisherigen besteht
darin, daß wir nun die Räume X_n vorgeben und F_n in einer durch X_n und
F nahegelegten Weise definieren. Ist F beispielsweise eine Abbildung
von c_o in c_o , so kann man $X_n = \{x \in c_o : x = (x_1,\ldots,x_n,0,0,\ldots)\}$ und
$F_n x := ((Fx)_1,\ldots,(Fx)_n,0,0,\ldots)$ setzen; die Gleichung $F_n x = y_n$ für
$x \in X_n$ bedeutet damit das endliche Gleichungssystem $f_i(x_1,\ldots,x_n) = y_i$
für $i = 1,\ldots,n$, mit $f_i(x) := (Fx)_i$.
Während solche Lösungsverfahren schon seit langem praktiziert werden,
bemüht man sich erst seit etwa zehn Jahren intensiv um Klassen nichtlinearer Operatoren, die nicht kompakt sind. Es ist interessant, daß
W. Petryshyn, F. Browder u.a. gerade im Hinblick auf das skizzierte Approximationsproblem einige dieser Operatorentypen unter einen Hut ge-

bracht, d.h. eine umfassende Klasse gefunden haben.

Mit dieser Klasse beschäftigen wir uns in diesem Kapitel. Der Übersicht halber betrachten wir jedoch nur Projektionsmethoden und Abbildungen F eines B-Raums X in sich, d.h. Methoden, bei denen $F_n = P_n F$ und P_n eine Projektion von X auf X_n ist ; Verallgemeinerungen werden am Ende des Kapitels skizziert und mit Literaturhinweisen versehen. Da diese Operatoren einige Eigenschaften kompakter Störungen haben, nennen wir sie projektionskompakt. Für die projektionskompakten Operatoren definieren wir einen "Abbildungsgrad", dessen Bildbereich zwar i.a. nicht in $\mathbb{Z}$, sondern in der Potenzmenge von $\mathbb{Z}' = \mathbb{Z} \cup \{-\infty,\infty\}$ liegt, der jedoch die wichtigsten Eigenschaften aus Satz 16.1 hat. Der Grund für die Mehrwertigkeit besteht darin, daß die F_n selbst auf beschränkten Teilmengen Ω i.a. nur punktweise gegen F konvergieren, daß also die Brouwer-Grade $d(F_n,\Omega \cap X_n,y_n)$ nicht für alle hinreichend großen $n \in \mathbb{N}$ den gleichen Wert haben, wie es bei kompakten Störungen wegen der gleichmäßigen Konvergenz von (F_n) gegen F der Fall war.

§ 28. PROJEKTIONSSCHEMEN

Wir betrachten in diesem Kapitel reelle B-Räume X , für die eine Folge (X_n) endlichdimensionaler Unterräume und eine Folge (P_n) stetiger linearer Projektionen $P_n : X \to X_n$ existieren, so daß $\lim_{n \to \infty} P_n x = x$ für jedes $x \in X$ gilt.

Ein Paar $\{(X_n)$, $(P_n)\}$ mit diesen Eigenschaften nennen wir <u>Projektionsschema</u> (P-Schema) für Operatoren von X nach X .

Da P_n stetig und $P_n^2 = P_n$ ist, haben wir $|P_n| \geq 1$ für jedes $n \in \mathbb{N}$. Andererseits folgt aus $P_n \to I$ (punktweise auf X) mit Satz 2.2 die Existenz einer positiven Zahl, die im folgenden stets mit α bezeichnet wird, so daß $|P_n| \leq \alpha$ für jedes $n \in \mathbb{N}$ gilt. $P_n \to I$ punktweise bedeutet auch, daß $\bigcup_{n \geq 1} X_n$ dicht in X ist.

Die Klasse aller B-Räume mit einem Projektionsschema enthält insbesondere alle B-Räume mit einer (Schauder-)Basis. Dabei versteht man unter einer <u>Basis</u> von X eine Folge $(x_i) \subset X$ mit der Eigenschaft, daß jedes $x \in X$ eine eindeutig bestimmte Darstellung $x = \sum_{i \geq 1} \phi_i(x)x_i$ hat (d.h.

$|x - \sum_{i=1}^{n} \phi_i(x)x_i| \to 0$ für $n \to \infty$) ; die ϕ_i sind damit aus X^* . In diesem Fall kann man nämlich für X_n den von $x_1,\ldots,x_n$ aufgespannten Unterraum wählen und P_n durch $P_n x = \sum_{i=1}^{n} \phi_i(x)x_i$ definieren ; offensichtlich hat man hier sogar $X_1 \subset X_2 \subset \ldots$ und $P_n P_m = P_q$ mit $q = \min\{m,n\}$.

Beispiel 1. Für die Räume l_p mit $1 \leq p < \infty$ und c_o ist $\{e_i : i \in \mathbb{N}\}$ eine Basis, wenn e_i die Folge mit $e_{ij} = \delta_{ij}$ bezeichnet. Jeder separable H-Raum hat sogar eine Orthonormal-Basis, d.h. eine Basis (x_i) mit $\langle x_i, x_j \rangle = \delta_{ij}$; für die Orthogonalprojektionen $P_n x := \sum_{i=1}^{n} \langle x, x_i \rangle x_i$ gilt $|P_n| = 1$ und $\langle P_n x, y \rangle = \langle x, P_n y \rangle$ für alle $x,y \in X$. Weitere Beispiele für Basen findet man in [39] , [58] .

Beispiel 2. Es sei $X = C(J)$ mit $J = [a,b] \subset R^1$. Für $n \in \mathbb{N}$ sei $a = t_{no} < t_{n1} < \ldots < t_{nn} = b$, und es gelte $l_n = \max_i(t_{n,i+1} - t_{ni}) \to 0$ für $n \to \infty$. Als X_n wählen wir den Raum aller $x \in X$, die in den Intervallen $[t_{ni}, t_{n,i+1}]$ linear sind $(i = 0,\ldots,n-1)$, und für $x \in X$ sei $P_n x$ die Funktion aus X_n , für die $(P_n x)(t_{ni}) = x(t_{ni})$ gilt $(i = 0,\ldots,n)$. Offensichtlich ist $\{(X_n),(P_n)\}$ ein Projektionsschema mit $\dim X_n = n+1$ und $|P_n| = 1$ für jedes n .

Ist $\{(X_n),(P_n)\}$ ein P-Schema für X und $\Omega \subset X$ beschränkt, so gilt $P_n \to I$ gleichmäßig auf Ω genau dann, wenn Ω relativ kompakt ist. Für $F: \Omega \to X$ konvergiert also $(P_n F)$ genau dann gleichmäßig auf Ω gegen F , wenn $F(\Omega)$ relativ kompakt ist.

Beweis. 1. Sei Ω relativ kompakt. Angenommen, die Folge der $\gamma_n := \sup_\Omega |P_n x - x|$ konvergiert nicht gegen 0 . Dann existiert $\varepsilon > 0$, $(P_m) \subset (P_n)$ und $(x_m) \subset \Omega$ mit $|P_m x_m - x_m| \geq \varepsilon_o$ für jedes m und (o.B.d.A.) $x_m \to x_o$ für ein $x_o \in X$. Wir erhalten den Widerspruch $\varepsilon \leq |P_m x_m - x_m| \leq \alpha |x_m - x_o| + |P_m x_o - x_o| + |x_o - x_m| \to 0$ für $m \to \infty$.
2. Nun gelte $\gamma_n \to 0$. Angenommen, die beschränkte Menge Ω ist nicht relativ kompakt. Dann existiert $\varepsilon > 0$ und $(x_n) \subset \Omega$ mit $|x_i - x_j| \geq \varepsilon$ für $i \neq j$. Wir wählen n derart, daß $\gamma_n \leq \varepsilon/4$ ist und haben $|P_n x_i - P_n x_j| \geq |x_i - x_j| - 2\varepsilon/4 \geq \varepsilon/2$ für $i \neq j$, in Widerspruch zur Tatsache, daß $(P_n x_i)$ als beschränkte Folge von X_n eine konvergente Teilfolge hat.

q.e.d.

§ 29. PROJEKTIONSKOMPAKTE OPERATOREN

1. Definition und Beispiele

__Definition 1.__ Es sei X ein reeller B-Raum, $\{(X_n),(P_n)\}$ ein P-Schema für X , $\Omega \subset X$ und $F: \Omega \to X$. Der Operator F heißt __projektionskompakt (P-kompakt)__ , wenn folgendes gilt: Ist $(X_m) \subset (X_n)$ und $(P_m) \subset (P_n)$, $(x_m) \subset \Omega$ beschränkt, $x_m \in \Omega_m = \Omega \cap X_m$ und $(P_m F x_m)$ konvergent, so existiert eine Teilfolge $(x_{m_i}) \subset (x_m)$ und ein $x \in \Omega$ mit $x_{m_i} \to x$ und $P_{m_i} F x_{m_i} \to Fx$. Die Klasse aller stetigen, bzgl. $\{(X_n),P_n)\}$ P-kompakten Operatoren $F: \Omega \to X$ bezeichnen wir mit $\mathcal{P}(\Omega)$.

Offensichtlich sind I und $-I$ aus $\mathcal{P}(X)$ für jedes Schema $\{(X_n),(P_n)\}$. Die Summe zweier Operatoren aus $\mathcal{P}(X)$ ist aber nicht notwendig aus $\mathcal{P}(X)$; beispielsweise ist $0 = I + (-I) \notin \mathcal{P}(X)$, also insbesondere $\mathcal{P}(X) \cap \mathcal{L}(X)$ kein linearer Raum. Die nächsten Beispiele sind weniger trivial.

__Beispiel 1.__ Es sei $\Omega \subset X$ abgeschlossen und $F_o \in \mathcal{R}(\Omega)$. Dann ist $F = I - F_o \in \mathcal{P}(\Omega)$ für jedes P-Schema.
Ist nämlich $(x_m) \subset \Omega$ beschränkt mit $x_m \in \Omega_m$ und $P_m F x_m \to y$ für ein $y \in X$, so existiert wegen $F_o \in \mathcal{R}(\Omega)$ eine Teilfolge (x_{m_i}) und ein $z \in X$ mit $F_o x_{m_i} \to z$. Hieraus folgt $|P_{m_i} F_o x_{m_i} - z| \le \alpha |F_o x_{m_i} - z| + |P_{m_i} z - z| \to 0$, also auch $x_{m_i} \to x := y+z$. Da Ω abgeschlossen ist, haben wir $x \in \Omega$, und aus der Stetigkeit von F folgt $F x_{m_i} \to Fx$, also auch $|P_{m_i} F x_{m_i} - Fx| \le \alpha |F x_{m_i} - Fx| + |P_{m_i} Fx - Fx| \to 0$ für $m_i \to \infty$.

q.e.d.

__Beispiel 2.__ Der Operator $F: X \to X$ genüge der Lipschitz-Bedingung $|Fx - Fy| \le k|x-y|$, und es sei $\{(X_n),(P_n)\}$ ein P-Schema mit $\alpha = \sup_n |P_n|$. Dann ist $F - \lambda I \in \mathcal{P}(X)$ für jedes $\lambda > k \cdot \alpha$.
Sei (x_m) beschränkt, mit $x_m \in X_m$ und $P_m F x_m - \lambda x_m \to y$ für ein $y \in X$. Da $\alpha \ge 1$ ist, haben wir $\lambda^{-1} k < 1$, d.h. $\lambda^{-1} F$ ist eine strikte Kontraktion von X in X . Nach dem Fixpunktsatz von Banach existiert daher genau ein x_o mit $\lambda^{-1} F x_o - x_o = \lambda^{-1} y$, d.h. $F x_o - \lambda x_o = y$. Wir zeigen $x_m \to x_o$.
Mit $y_m = P_m F x_m - \lambda x_m$ haben wir $P_m \lambda^{-1} F x_m - x_m = \lambda^{-1} y_m \to \lambda^{-1} y$ und $P_m \lambda^{-1} F x_o - x_o = P_m \lambda^{-1} y + P_m x_o - x_o$, folglich
$$|x_m - x_o| \le |\lambda^{-1} P_m (F x_o - F x_m)| + |\lambda^{-1} P_m (y - y_m)| + |F_m x_o - x_o|$$

$$\leq \lambda^{-1}\alpha k|x_o - x_m| + \lambda^{-1}\alpha|y-y_m| + |P_m x_o - x_o| \ ,$$

d.h. $|x_m - x_o| \leq (1-\lambda^{-1}\alpha k)^{-1}\{\lambda^{-1}\alpha|y-y_m| + |P_m x_o - x_o|\} \to 0$ für $m \to \infty$.
Da F stetig ist, haben wir auch $P_m F x_m \to F x_o$, d.h. insgesamt $F-\lambda I \in \mathcal{P}(X)$.

<u>Beispiel 3</u>. Es sei X ein H-Raum. Ein Operator $F: X \to X$ heißt <u>monoton</u>
bzw. <u>stark monoton</u> , wenn $\langle Fx-Fy,x-y\rangle \geq 0$ bzw. $\langle Fx-Fy,x-y\rangle \geq \phi(|x-y|)$
für alle $x,y \in X$ gilt, wobei ϕ eine Funktion von R_+^1 in R_+^1 mit $\phi(0) = 0$,
$\phi(r) > 0$ für $r > 0$ und der Eigenschaft "Aus $\phi(r_j) \to 0$ folgt $r_j \to 0$"
ist.

Ist X außerdem separabel, so existiert ein P-Schema $\{(X_n),(P_n)\}$ mit
$|P_n| = 1$ und $\langle P_n x,y\rangle = \langle x,P_n y\rangle$ für alle $n \in \mathbb{N}$ und $x,y \in X$ (vgl. Beispiel
28.1). Wir zeigen:
Ist F stetig und monoton, so ist $F+\lambda I \in \mathcal{P}(X)$ für jedes $\lambda > 0$; jeder
stetige, stark montone Operator ist in $\mathcal{P}(X)$.
Es genügt, die zweite Behauptung zu beweisen; ist nämlich F monoton
und $\lambda > 0$, so haben wir $\langle(F+\lambda I)x-(F+\lambda I)y,x-y\rangle \geq \lambda|x-y|^2$, d.h. $F+\lambda I$
stark monton (mit $\phi(r) = \lambda r^2$) .
Sei also F stark monoton und (x_m) beschränkt, mit $x_m \in X_m$ und $P_m F x_m \to y$
für ein $y \in X$. Da wir nur die Existenz einer konvergenten Teilfolge von
(x_m) zeigen müssen und jede beschränkte Folge eines H-Raums eine schwach-
konvergente Teilfolge hat (vgl. § 2.V.) , haben wir o.B.d.A. $x_m \rightharpoonup x_o$
für ein $x_o \in X$. Wir zeigen, daß sogar $x_n \to x_o$ gilt. Aufgrund der Eigenschaften von P_m und F ist

$$\langle P_m(Fx_m - FP_m x_o),x_m - P_m x_o\rangle = \langle Fx_m - FP_m x_o,x_m - P_m x_o\rangle \geq \phi(|x_m - P_m x_o|) \ .$$

Aus $P_m x_o \to x_o$ und $x_m \rightharpoonup x_o$ folgt $x_m - P_m x_o \rightharpoonup 0$; außerdem haben wir
$P_m F P_m x_o \to F x_o$ und $P_m F x_m \to y$, folglich

$$\phi(|x_m - P_m x_o|) \leq \langle P_m F x_m - P_m F P_m x_o,x_m - P_m x_o\rangle \to \langle y - F x_o,0\rangle \ = \ 0 \ ,$$

nach Satz 2.3 . Aufgrund der Eigenschaften von ϕ gilt also $|x_m - P_m x_o|$
$\to 0$, d.h. $x_m \to x_o$.

Nach Beispiel 1 ist $I-F_o \in \mathcal{P}(\Omega)$, wenn Ω abgeschlossen und $F_o \in \mathcal{R}(\Omega)$
ist. Entsprechend zeigt man, daß allgemein $F_1+F_2 \in \mathcal{P}(\Omega)$ für $F_1 \in \mathcal{P}(\Omega)$
und $F_2 \in \mathcal{R}(\Omega)$ gilt. Ist $F \in \mathcal{P}(\Omega)$ und $\alpha \neq 0$, so ist auch $\alpha F \in \mathcal{P}(\Omega)$.

2. Näherungslösungen für Gleichungen mit P-kompakten Operatoren

Wir zeigen nun, daß die P-kompakten Operatoren dem eingangs formulier-
ten Approximationsproblem angemessen sind. Dabei nennen wir die Gleichung $Fx = y$ <u>eindeutig approximativ lösbar</u> bzgl. des Schemas $\{(X_n),(P_n)\}$,

wenn ein Index n_o existiert, so daß folgendes gilt:

(i) Zu $n \geq n_o$ und $y \in X$ existiert genau ein $x_n \in X_n$ mit $P_n F x_n = P_n y$ und

(ii) Es gilt $x_n \to x$ für $n \to \infty$, und x ist die einzige Lösung von $Fx = y$.

<u>Satz 1.</u> Es sei $F: X \to X$ stetig, und es existiere ein $n_o \in \mathbb{N}$ und eine stetige Funktion $\phi: R_+^1 \to R_+^1$ mit $\phi(0) = 0$, $\phi(r) > 0$ für $r > 0$ und $\phi(r) \to \infty$ für $r \to \infty$, so daß

$(*)$ $\qquad |P_n Fx - P_n Fx'| \geq \phi(|x-x'|)$ $\quad$ für $n \geq n_o$ und $x, x' \in X_n$

gilt. Unter dieser Voraussetzung ist $Fx = y$ genau dann eindeutig approximativ lösbar, wenn $F \in \mathcal{P}(X)$ ist.

<u>Beweis.</u> 1. $F \in \mathcal{P}(X)$ ist notwendig. Sei (x_m) beschränkt, mit $x_m \in X_m$ und $P_m F x_m =: z_m \to z$ für ein $z \in X$. Nach (i) und (ii) existiert dann für $m \geq n_o$ ein $y_m \in X_m$ mit $P_m F y_m = P_m z$ und $y_m \to y$, wobei $Fy = z$ ist. Nach $(*)$ haben wir somit

$$\phi(|x_m - y_m|) \leq |P_m F x_m - P_m F y_m| = |z_m - P_m z| \to 0 \quad ,$$

folglich $|x_m - y_m| \to 0$, d.h. $x_m \to y$.

2. $F \in \mathcal{P}(X)$ ist hinreichend. Nach $(*)$ und Korollar 11.1 ist $F_n = P_n F|_{X_n}$ für $n \geq n_o$ ein Homeomorphismus von X_n auf X_n ; insbesondere existiert genau ein $x_n \in X_n$ mit $F_n x_n = P_n y$, d.h. (i) gilt. Nach $(*)$ ist $\phi(|x_n|) \leq |F_n x_n - F_n(0)| \leq \alpha(|y| + |F(0)|)$; aus $\lim_{r \to \infty} \phi(r) = \infty$ folgt damit die Beschränktheit von (x_n) . Da $P_n F x_n = P_n y \to y$ und $F \in \mathcal{P}(X)$ gilt, existiert eine Teilfolge $(x_m) \subset (x_n)$ mit $x_m \to x$ und $Fx = y$ für ein $x \in X$. Wenn wir noch gezeigt haben, daß x die einzige Lösung von $Fx = y$ ist, so konvergiert nach einem bekannten Schluß sogar (x_n) gegen x . Ist auch $Fx' = y$, so erhalten wir aus $|P_n F P_n x - P_n F P_n x'| \geq \phi(|P_n x - P_n x'|)$ für $n \to \infty$: $0 = |Fx - Fx'| \geq \phi(|x-x'|)$, d.h. $x = x'$.

$$\text{q.e.d.}$$

Für lineare Operatoren F nimmt Satz 1 eine sehr einfache Form an. Wir haben das

<u>Korollar 1.</u> Für $F \in \mathcal{L}(X)$ ist $Fx = y$ genau dann eindeutig approximativ lösbar, wenn F eineindeutig und aus $\mathcal{P}(X)$ ist.

<u>Beweis.</u> 1. Ist $F \in \mathcal{P}(X)$ eineindeutig, so existieren n_o und ein $c > 0$ mit $|P_n Fx| \geq c|x|$ für alle $x \in X_n$ und $n \geq n_o$. Anderenfalls gibt es eine Folge (x_m) mit $x_m \in X_m$, $|x_m| = 1$ und $P_m F x_m \to 0$, also auch eine Teilfolge $(x_{m_i}) \subset (x_m)$ und ein x mit $x_{m_i} \to x$ und $Fx = 0$, d.h. $x = 0$,

in Widerspruch zu $|x_{m_i}| = 1$ für alle m_i . Da also (*) mit $\phi(r) = cr$ gilt, ist $Fx = y$ nach Satz 1 eindeutig approximativ lösbar.

2. Nun gelte (i) und (ii) . Damit existieren $(P_n F|_{X_n})^{-1}: X_n \to X_n$ für $n \geq n_o$ und $F^{-1}: X \to X$, und mit $F_n = P_n F|_{X_n}$ gilt $F_n^{-1} P_n y \to F^{-1} y$ für jedes $y \in X$. Nach Satz 2.2 existiert also ein $\beta > 0$ mit $|F_n^{-1}|_{\mathscr{L}(X_n)} = |F_n^{-1} P_n|_{\mathscr{L}(X)} \leq \beta$ für jedes $n \geq n_o$. Damit haben wir $|x| = |F_n^{-1} F_n x| \leq \beta |F_n x|$, d.h. $|P_n Fx| \geq \beta^{-1} |x|$ für $x \in X_n$ und $n \geq n_o$. Es ist also (*) mit $\phi(r) = \beta^{-1} r$ erfüllt, folglich F eineindeutig und aus $\mathcal{P}(X)$, nach Satz 1 .

q.e.d.

Aus Satz 1 folgt insbesondere der

<u>Satz 2</u>. Es sei X ein separabler Hilbert-Raum, $F: X \to X$ stetig und monoton. Dann ist $F + \lambda I$ für jedes $\lambda > 0$ ein Homeomorphismus von X auf X .

<u>Beweis</u>. Wir wählen (X_n) und (P_n) wie in Beispiel 3 und haben $F_\lambda := F + \lambda I \in \mathcal{P}(X)$. Außerdem ist

$$\langle P_n F_\lambda x - P_n F_\lambda x', x-x' \rangle = \langle F_\lambda x - F_\lambda x', x-x' \rangle \geq \lambda |x-x'|^2 \quad \text{für } x,x' \in X_n ,$$

folglich $|P_n F_\lambda x - P_n F_\lambda x'| \geq \lambda |x-x'|$. Nach Satz 1 ist also F bijektiv, und da für den inversen Operator F^{-1} die Abschätzung $|F^{-1} x - F^{-1} y| \leq \lambda^{-1} |x-y|$ gilt, ist auch $F^{-1}: X \to X$ stetig.

q.e.d.

3. Eigenschaften P-kompakter Operatoren

Wir zeigen nun, daß einige Eigenschaften kompakter Störungen der Identität auch für P-kompakte Operatoren gelten.

<u>Hilfssatz 1</u>. Es sei $\Omega \subset X$ offen und $F \in \mathcal{P}(\overline{\Omega})$. Ist $(x_i) \subset \overline{\Omega}$ beschränkt und (Fx_i) konvergent, dann hat (x_i) eine konvergente Teilfolge.

<u>Beweis</u>. Es gelte $Fx_i \to z$ für $i \to \infty$. Da F stetig ist, existiert ein $\delta_i > 0$ mit $|Fx - Fx_i| \leq 1/i$ für alle $x \in \overline{\Omega} \cap K_{\delta_i}(x_i)$. Wir wählen zu $x_i \in \overline{\Omega}$ ein $y_i \in \Omega$ mit $|y_i - x_i| < \gamma := \min(\frac{1}{i}, \frac{1}{2} \delta_i)$. Da $y_i \in \Omega$ und allgemein $P_n x \to x$ für $n \to \infty$ gilt, existiert ein Index m_i , so daß $z_i := P_{m_i} y_i \in \overline{\Omega}$ und $|z_i - y_i| < \gamma$ ist. Damit haben wir

(∗) $|z_i - x_i| \le 2/i$ und $|Fz_i - Fx_i| \le 1/i$ für jedes $i \in \mathbb{N}$,

und

$$|P_{m_i}Fz_i - z| \le \alpha|Fz_i - z| + |P_{m_i}z - z| \le \frac{\alpha}{n} + \alpha|Fx_i - z| + |P_{m_i}z - z| \to 0.$$

Da $F \in \mathcal{P}(\overline{\Omega})$ ist, existiert also eine konvergente Teilfolge (z_k) von (z_i) ; nach (∗) ist damit auch (x_k) konvergent.

q.e.d.

Satz 3. Es sei $\Omega \subset X$ offen und $F \in \mathcal{P}(\overline{\Omega})$. Dann gilt

(a) F bildet abgeschlossene, beschränkte Teilmengen von $\overline{\Omega}$ auf abgeschlossene Mengen ab.

(b) Ist Ω beschränkt und $y \notin F(\partial\Omega)$, so existieren ein $\delta > 0$ und ein Index n_o derart, daß $|P_nFx - P_ny| \ge \delta$ für alle $n \ge n_o$ und $x \in \partial\Omega \cap X_n$ gilt.

Beweis. (a) Ist $\Omega^* \subset \overline{\Omega}$ abgeschlossen und beschränkt, $(y_n) \subset F(\Omega^*)$ mit $y_n \to y$ für ein $y \in X$ und $y_n = Fx_n$, so hat (x_n) nach Hilfssatz 1 eine Teilfolge (x_{n_i}) mit $x_{n_i} \to x$ für ein $x \in \Omega^*$; da F stetig ist, haben wir $y = Fx \in F(\Omega^*)$.

(b) Da Ω offen ist und $P_nx \to x$ gilt, existiert ein n_1 , so daß $\Omega_n := \Omega \cap X_n$ für $n \ge n_1$ nicht leer ist. Angenommen, (b) ist falsch. Dann existiert (x_m) mit $x_m \in \partial\Omega_m$ und $|P_mFx_m - P_my| \to 0$, d.h. $P_mFx_m \to y$ für $m \to \infty$. Da (x_m) beschränkt und $F \in \mathcal{P}(\overline{\Omega})$ ist, gibt es eine Teilfolge (x_{m_i}) mit $x_{m_i} \to x$ für ein $x \in \partial\Omega$ und $Fx = y$ in Widerspruch zu $y \notin F(\partial\Omega)$.

q.e.d.

§ 30. EIN ABBILDUNGSGRAD FÜR P-KOMPAKTE OPERATOREN

Wir betrachten wieder B-Räume X mit einem P-Schema $\{(X_n),(P_n)\}$, offene und beschränkte Teilmengen Ω von X , Operatoren $F \in \mathcal{P}(\overline{\Omega})$ und Punkte $y \notin F(\partial\Omega)$.

Nach Satz 29.3 existiert zu einem solchen Tripel (F,Ω,y) ein Index n_o , so daß P_ny für $n \ge n_o$ nicht in $P_nF(\partial\Omega_n)$ liegt und $\Omega_n = \Omega \cap X_n \ne \emptyset$ offen und beschränkt in X_n ist. Für diese $n \in \mathbb{N}$ ist also $d(P_nF|_{\overline{\Omega}_n},\Omega_n,P_ny)$ definiert. Da aber Operatoren P_nF gemäß § 28 i.a. nicht gleichmäßig auf $\overline{\Omega}$ gegen F konvergieren, werden wir einen Abbildungsgrad $D(F,\Omega,y)$ mit Hilfe der P_nF nur wie folgt definieren.

Definition 1. Es sei $\Omega \subset X$ offen und beschränkt, $F \in \mathcal{P}(\overline{\Omega})$ und $y \notin F(\partial\Omega)$, $\Omega_n = \Omega \cap X_n$ und $F_n = P_nF|_{\overline{\Omega}_n}$. Unter dem Abbildungsgrad $D(F,\Omega,y)$ von F

über Ω bzgl. y verstehen wir dann die folgende Teilmenge von $\mathbb{Z}'=\mathbb{Z}\cup\{-\infty,\infty\}$:
Es ist $k \in D(F,\Omega,y)$ genau dann, wenn $d(F_m,\Omega_m,P_m y) = k$ für unendlich viele $m \in \mathbb{N}$ gilt, und $\pm\infty \in D(F,\Omega,y)$ genau dann, wenn eine Folge $(n_i) \subset \mathbb{N}$ mit $d(F_{n_i},\Omega_{n_i},P_{n_i} y) \to \pm\infty$ existiert.

<u>Beispiel 1</u>. Für $F = I-F_o$ mit $F_o \in \mathcal{R}(\overline{\Omega})$ ist $D(F,\Omega,y) = \{D_{LS}(F,\Omega,y)\}$, wobei D_{LS} den Leray-Schauder-Grad bezeichnet.
Da $F_o(\overline{\Omega})$ relativ kompakt ist, konvergiert $(P_n F_o)$ nach der Bemerkung in § 28 gleichmäßig auf $\overline{\Omega}$ gegen F_o . Nach Satz 16.1 und Satz 29.3 existiert also ein n_o , so daß für $n \geq n_o$ folgendes gilt: $D_{LS}(F,\Omega,y) = D_{LS}(F,\Omega,P_n y)$, $P_n F_o \in \mathcal{F}(\overline{\Omega})$, $\sup_{\overline{\Omega}} |P_n F_o x - F_o x| < \rho(P_n y, F(\partial\Omega))$, $\Omega_n = \Omega \cap X_n \neq \emptyset$ und $P_n F_o(\overline{\Omega}) \subset X_n$. Gemäß Def. 16.1 ist also $D_{LS}(F,\Omega,P_n y) = d(F_n,\Omega_n,P_n y)$ für jedes $n \geq n_o$, folglich $D(F,\Omega,y) = \{D_{LS}(F,\Omega,y)\}$.

<u>Beispiel 2</u>. Es sei $X = c_o$; (e_i) , (X_n) und (P_n) wie in bzw. vor Beispiel 28.1 ; $\Omega = K_1(0) \subset X$; $F_o: X \to X$ durch $F_o x = \sum_{i \geq 1} (2+\frac{1}{i}) x_i e_i$ definiert und $F = I-F_o$. Dann ist $F \in \mathcal{L}(X) \cap \mathcal{P}(X)$ und $\overline{D(F,\Omega,0)} = \{-1,1\}$. Offensichtlich ist $F \in \mathcal{L}(X)$ und $Fx = - \sum_{i \geq 1} (1+\frac{1}{i}) x_i e_i$. Ist also $(x_m) \subset X$ beschränkt mit $x_m \in X_m$, und gilt $P_m F x_m \to y$ für ein $y \in X$, so haben wir $x_m \to x := - \sum_{i \geq 1} (1+\frac{1}{i})^{-1} y_i e_i$ und $P_m F x_m \to Fx = y$, d.h. $F \in \mathcal{P}(X)$. Wir zeigen, daß $d(F_n,\Omega_n,0) = (-1)^n$ für jedes n gilt.
Aus $F_n x = 0$ folgt $x = 0$, d.h. $\lambda = 1$ ist kein Eigenwert von F_{on} . Nach Satz 20.5 haben wir also $d(F_n,\Omega_n,0) = (-1)^{\beta_n(1)}$, wobei $\beta_n(1)$ die Summe der algebraischen Vielfachheiten der Eigenwerte $\mu > 1$ von F_{on} bedeutet. F_{on} hat genau n Eigenwerte, nämlich $\mu_i = 2+\frac{1}{i}$ für $i = 1,\ldots,n$. Diese Eigenwerte sind einfach, denn aus $(F_{on} - \mu_i I)(F_{on} x - \mu_i x) = 0$ für ein $x \in X_n$ folgt $F_{on} x - \mu_i x = \lambda e_i$ und hieraus $\lambda = 0$, d.h. $(F_{on} - \mu_i I)x = 0$. Damit ist $\beta_n(1) = n$, folglich $D(F,\Omega,0) = \{-1,1\}$.

Wir zeigen nun, daß sich die Eigenschaften des LS-Grads (Satz 16.1) sinngemäß auf den Abbildungsgrad für P-kompakte Operatoren übertragen lassen.

<u>Satz 1</u>. Es sei $M = \{(F,\Omega,y):\Omega \subset X$ offen und beschränkt, $F \in \mathcal{P}(\overline{\Omega})$, $y \notin F(\partial\Omega)\}$ und die Abbildung D von M in die Potenzmenge von $\mathbb{Z}' = \mathbb{Z}\cup\{-\infty,\infty\}$ gemäß Def. 1 erklärt. Dann hat D folgende Eigenschaften:
(1) $D(I,\Omega,y) = \{1\}$ für $y \in \Omega$ und $D(I,\Omega,y) = \{0\}$ für $y \notin \overline{\Omega}$.

(2) Ist $D(F,\Omega,y) \neq \{0\}$, so existiert ein $x \in \Omega$ mit $Fx = y$.

(3) $H: [0,1] \times \overline{\Omega} \to X$ genüge den Bedingungen $y \notin H([0,1] \times \partial\Omega)$ und $H(t,\cdot) \in \mathcal{P}(\overline{\Omega})$ für jedes t ; außerdem sei $H(\cdot,x)$ stetig in $[0,1]$, gleichmäßig bzgl. $x \in \overline{\Omega}$. Dann hängt $D(H(t,\cdot),\Omega,y)$ nicht von t ab.

(4) Es existiert ein $r = r(F,y) > 0$, so daß $D(G,\Omega,y) = D(F,\Omega,y)$ für jedes G mit $\sup_{\overline{\Omega}} |Gx - Fx| < r$ gilt.

(5) Liegen y und y' in derselben Komponente von $X \setminus F(\partial\Omega)$, so ist $D(F,\Omega,y) = D(F,\Omega,y')$.

(6) Ist $\Omega \supset \Omega_1 \cup \Omega_2$, $\overline{\Omega} = \overline{\Omega}_1 \cup \overline{\Omega}_2$, Ω_i offen $(i = 1,2)$, $\Omega_1 \cap \Omega_2 = \emptyset$ und $y \notin F(\partial\Omega_1) \cup F(\partial\Omega_2)$, dann gilt $D(F,\Omega,y) \subset D(F,\Omega_1,y) + D(F,\Omega_2,y)$; hat $D(F,\Omega_i,y)$ für ein i nur ein Element, so besteht Gleichheit. Dabei ist die rechte Seite gleich $\mathbb{Z}'$ zu setzen, wenn $\infty+(-\infty)$ oder $(-\infty)+\infty$ vorkommt.

(7) Aus $G|_{\partial\Omega} = F|_{\partial\Omega}$ folgt $D(F,\Omega,y) = D(G,\Omega,y)$.

(8) Ist $\Omega^* \subsetneq \Omega$ abgeschlossen und $y \notin F(\Omega^*)$, so ist $D(F,\Omega,y)=D(F,\Omega\setminus\Omega^*,y)$.

(9) Es ist $D(F,\Omega,y) = \{0\}$ für $y \notin F(\overline{\Omega})$ und $D(F,\Omega,y) = D(F(\cdot)-y,\Omega,0)$.

<u>Beweis.</u> (1) Mit y ist auch $P_n y \in \Omega$ (für hinreichend große n) , folglich $d(I_n,\Omega_n,P_n y) = 1$ und somit $D(I,\Omega,y) = \{1\}$. Entsprechend schließt man im Fall $y \notin \overline{\Omega}$.

(2) Aus $D(F,\Omega,y) \neq \{0\}$ folgt $d(F_{n_i},\Omega_{n_i},P_{n_i} y) \neq 0$ für eine Folge (n_i) mit $n_i \to \infty$. Daher existiert $x_{n_i} \in \Omega_{n_i}$ mit $F_{n_i} x_{n_i} = P_{n_i} y \to y$. Da $F \in \mathcal{P}(\overline{\Omega})$ ist, gibt es also nach Def. 29.1 ein $x \in \overline{\Omega}$ mit $Fx = y$.

(3) Es genügt zu zeigen, daß ein n_o mit $P_n y \notin H_n([0,1] \times \partial\Omega_n)$ für jedes $n \geq n_o$ existiert; dann hängt nämlich $d(H_n(t,\cdot),\Omega_n,P_n y)$ für $n \geq n_o$ nicht von t ab, also auch $D(H(t,\cdot),\Omega,y)$ nicht. Angenommen, $H_m(t_m,x_m) = P_m y$ für eine Folge $(t_m) \subset [0,1]$ und $(x_m) \subset \partial\Omega$ mit $x_m \in \partial\Omega_m$. Wir können dann o.B.d.A. $t_m \to t_o \in [0,1]$ annehmen. Aus $P_m y \to y$ und

$$|H_m(t_m,x_m)-H_m(t_o,x_m)| \leq \alpha \sup_{\overline{\Omega}} |H(t_m,x)-H(t_o,x)| \to 0 \quad \text{für} \quad m \to \infty$$

folgt $H_m(t_o,x_m) \to y$. Da $H(t_o,\cdot) \in \mathcal{P}(\overline{\Omega})$ ist, existiert also ein $x \in \partial\Omega$ mit $H(t_o,x) = y$, in Widerspruch zur Voraussetzung über H .

(4) Nach Satz 29.3 gibt es ein n_o und ein $\delta > 0$ mit $|F_n x-P_n y| \geq \delta$ auf $\partial\Omega_n$ für $n \geq n_o$. Wir wählen $r < \delta/\alpha$ und setzen $h_n(t,x) = F_n x+t(G_n x-F_n x)$ für $(t,x) \in [0,1] \times \overline{\Omega}_n$ und $n \geq n_o$. Aus $|h_n(t,x)| \geq \delta-\alpha r > 0$ auf $[0,1] \times \partial\Omega_n$ folgt $d(G_n,\Omega_n,P_n y) = D(F_n,\Omega_n,P_n y)$, also auch die Behauptung.

(5) und (7)-(9) überlassen wir dem Leser.

(6) Es existiert ein n_o, so daß $P_n y \notin F(\partial\Omega_{1n} \cup \partial\Omega_{2n})$ und $\Omega_{1n} \cap \Omega_{2n} = \emptyset$ für $n \geq n_o$ gilt. Für $n \geq n_o$ ist also $d_n := d(F_n,\Omega_n,P_n y) = d_{1n} - d_{2n}$, mit $d_{in} = d(F_n,\Omega_{in},P_n y)$. Ist nun $k \in \mathbb{Z}'$ und $k \in D(F,\Omega,y)$, so existiert eine Folge (n_i) mit $d_{n_i} \to k$; haben wir gleichzeitig $d_{1n_i} = m$ für ein $m \in \mathbb{Z}$

und unendlich viele n_i , so ist $m \in D(F,\Omega_1,y)$ und $d_{2n_i} = k-m$ für diese
n_i , d.h. $k-m \in D(F,\Omega_2,y)$. Gibt es jedoch kein $m \in \mathbb{Z}$ mit $d_{1n_i} = m$ für
unendlich viele n_i , so existiert eine Teilfolge $(d_{1n_j}) \subset (d_{1n_i})$ mit
$d_{1n_j} \to \genfrac{}{}{0pt}{}{+}{(-)} \infty$; für $k \in \mathbb{Z}$ folgt $d_{2n_j} \to (\overline{+}) \infty$, für $k = (\overline{+})\infty$ gilt $d_{2n_j} \to (\overline{+})\infty$ und
für $k = \genfrac{}{}{0pt}{}{+}{(-)}\infty$ ist $k \in \{\pm\infty\} + D(F,\Omega_2,y)$, also in allen Fällen

$$k \in D(F,\Omega_1,y) + D(F,\Omega_2,y) \quad .$$

q.e.d.

In $[67]$ wurde ebenfalls mit Hilfe der $d(F_n,\Omega_n,P_n y)$ ein Abbildungsgrad
für P-kompakte Operatoren definiert, für den in (6) sogar stets die
Gleichheit gilt. Da die Summe zweier P-kompakter Operatoren nicht immer
P-kompakt ist, ist (3) nicht so effektiv wie bei kompakten Störungen;
es ist günstiger, die Homotopie schon in den X_n zu suchen, um dadurch
dem Nachweis der P-Kompaktheit von $H(t,\cdot)$ für jedes t zu entgehen.

Der nächste Satz ist eine sinngemäße Übertragung des Satzes von Borsuk.

<u>Satz 2</u>. Es sei $\Omega \subset X$ offen, beschränkt und symmetrisch, $0 \in \Omega$, $F \in \mathcal{P}(\overline{\Omega})$,
$F|_{\partial\Omega}$ ungerade und $0 \notin F(\partial\Omega)$. Dann ist $D(F,\Omega,0)$ ungerade, d.h. für jedes
$k \in \mathbb{Z}$ gilt $2k \notin D(F,\Omega,0)$.

<u>Beweis</u>. Aus der Linearität von P_n folgt Ω_n symmetrisch, $P_n(0) \in \Omega_n$ und
$F_n|_{\partial\Omega_n}$ ungerade, und aus $F \in \mathcal{P}(\overline{\Omega})$ folgt $P_n(0) \notin F_n(\partial\Omega_n)$ für $n \geq n_o$.
Nach dem Satz von Borsuk ist also $d(F_n,\Omega_n,P_n(0))$ für jedes $n \geq n_o$ un-
gerade. Damit enthält $D(F,\Omega,0)$ keine gerade Zahl.

q.e.d.

§ 31. FIXPUNKTSÄTZE FÜR P-KOMPAKTE OPERATOREN

<u>Satz 1</u>. Es sei X ein B-Raum mit P-Schema $\{(X_n),(P_n)\}$, $\Omega \subset X$ offen und
beschränkt und $T-I \in \mathcal{P}(\overline{\Omega})$. Außerdem existiere ein $x_o \in \Omega$ und ein n_o ,
so daß für alle $n \geq n_o$ die Bedingung "Aus $P_n Tx - P_n x_o = \gamma(x - P_n x_o)$ für ein
$x \in \partial\Omega_n$ folgt $\gamma \leq 1$" erfüllt ist. Dann ist die Menge $F(T)$ aller Fixpunkte
von T in $\overline{\Omega}$ nicht leer und kompakt.

<u>Beweis</u>. Da $T-I \in \mathcal{P}(\overline{\Omega})$ ist, hat eine Folge $(x_n) \subset F(T)$, d.h. $(T-I)x_n = 0$
für jedes n, nach Hilfssatz 29.1 eine konvergente Teilfolge, und da T
stetig ist, genügt deren Grenzwert x der Gleichung $(T-I)x = 0$, d.h.
$F(T)$ ist kompakt.

Da $P_n T$ der angegebenen Randbedingung genügt, existiert ein $x_n \in \overline{\Omega}_n$ mit $P_n(T-I)x_n = 0$; wegen $T-I \in \mathcal{P}(\overline{\Omega})$ existiert somit ein $x \in \overline{\Omega}$ mit $(T-I)x=0$, d.h. es ist $F(T) \neq \emptyset$.

q.e.d.

Setzt man über T mehr voraus, so können die Randbedingungen für die $P_n T$ durch eine Randbedingung für T ersetzt werden, d.h. wir haben den

<u>Satz 2</u>. Es seien X und Ω wie in Satz 1 , $T-\lambda I \in \mathcal{P}(\overline{\Omega})$ für jedes $\lambda \geq 1$ und $T(\partial\Omega)$ beschränkt. Außerdem existiere ein $x_0 \in \Omega$, so daß T der Bedingung

$$(*) \qquad \text{Aus } Tx-x_0 = \gamma(x-x_0) \text{ für ein } x \in \partial\Omega \text{ folgt } \gamma \leq 1$$

genügt. Dann ist $F(T) \neq \emptyset$.

<u>Beweis</u>. Ist $x = Tx$ für ein $x \in \partial\Omega$, so sind wir fertig. Wir können also $(T-I)x \neq 0$ auf $\partial\Omega$ annehmen; in $(*)$ folgt damit $\gamma < 1$. Gemäß Satz 1 haben wir zu zeigen, daß hieraus die Randbedingungen für die $P_n T$ (mit $n \geq n_0$) folgen; dabei ist n_0 insbesondere so zu wählen, daß $P_n x_0 \in \Omega$ für $n \geq n_0$ gilt.

Angenommen, es existieren beliebig große n , für die $P_n T$ nicht der Bedingung aus Satz 1 genügt. Dann existieren Folgen (x_m) mit $x_m \in \partial\Omega_m$ und (γ_m) mit $\gamma_m > 1$, so daß $P_m Tx_m - P_m x_0 = \gamma_m(x_m - P_m x_0)$ gilt. Aus $x_m \in \partial\Omega$, $P_m x_0 \in \Omega$ und $P_m x_0 \to x_0$ folgt $|x_m - P_m x_0| \geq c$ für ein $c > 0$ und alle $m \geq n_0$; da $T(\partial\Omega)$ beschränkt ist, existiert außerdem ein $d > 0$ mit

$$|P_m Tx_m - P_m x_0| \leq d$$

für jedes m . Damit haben wir $1 \leq \gamma_m \leq c^{-1}d$ für jedes m , also o.B.d.A. $\gamma_m \to \gamma$ für ein $\gamma \geq 1$. Hieraus folgt $P_m(T-\gamma I)x_m \to (1-\gamma)x_0$ für $m \to \infty$. Da $T-\gamma I \in \mathcal{P}(\overline{\Omega})$ ist, existiert also ein $x \in \partial\Omega$ mit $(T-\gamma I)x = (1-\gamma)x_0$, d.h. $Tx-x_0 = \gamma(x-x_0)$ mit $\gamma \geq 1$, in Widerspruch zu $(*)$ mit $\gamma < 1$.

q.e.d.

<u>Korollar 1</u>. Es sei X ein separabler H-Raum; $\Omega \subset X$ offen, beschränkt und konvex mit $0 \in \Omega$; $S: \overline{\Omega} \to X$ eine Kontraktion und $T: \overline{\Omega} \to X$ stark stetig (d.h. aus $x_n \rightharpoonup x$ folgt $Tx_n \to Tx$). Außerdem sei die Bedingung "Aus $(T+S)x = \gamma x$ für ein $x \in \partial\Omega$ folgt $\gamma \leq 1$" erfüllt. Dann ist $F(T+S) \neq \emptyset$.

<u>Beweis</u>. Nach Aufg. 4.4 können wir annehmen, daß $|Sx-Sy| \leq |x-y|$ sogar für alle $x,y \in X$ gilt. Da T stark stetig ist, eine beschränkte Folge eine schwach konvergente Teilfolge hat und eine abgeschlossene konvexe Menge auch bzgl. "$\rightharpoonup$" abgeschlossen ist, haben wir insbesondere $T \in \mathcal{R}(\overline{\Omega})$.

Wir wählen $\{(X_n),(P_n)\}$ wie in Beispiel 28.1 , haben $S-\lambda I \in \mathcal{P}(X)$ für
jedes $\lambda > 1$ (Beispiel 29.2) , also auch $S+T-\lambda I \in \mathcal{P}(\overline{\Omega})$ für jedes $\lambda > 1$
(vgl. die Bemerkung am Ende von § 29.1).

Für jedes fixierte $\mu > 0$ ist somit $(S+T-\mu I)-\lambda I \in \mathcal{P}(\overline{\Omega})$ für alle $\lambda \geq 1$,
und aus $(T+S)x-\mu x = \gamma x$ für ein $x \in \partial\Omega$, d.h. $(T+S)x = (\mu+\gamma)x$, folgt
$\mu+\gamma \leq 1$, d.h. $\gamma < 1$. Nach Satz 2 existiert also ein $x_\mu \in \Omega$ mit
$x_\mu = Tx_\mu + Sx_\mu - \mu x_\mu$. Wir betrachten (μ_k) mit $\mu_k \to 0$ und setzen $x_k = x_{\mu_k}$.
Da (x_k) beschränkt ist, können wir o.B.d.A. $x_k \rightharpoonup x_o$ für ein $x_o \in \overline{\Omega}$
annehmen. Hieraus folgt $x_k - Sx_k = Tx_k \to Tx_o$ für $k \to \infty$. Damit gilt für
jedes $x \in X$

$$0 \leq \langle x_k - Sx_k - (x-Sx), x_k - x \rangle \to \langle Tx_o + Sx - x, x_o - x \rangle \quad \text{für} \quad k \to \infty .$$

Mit einem beliebigen $y \in X$ setzen wir $x = x_o - ty$ für $t > 0$ und erhalten
$\langle Tx_o + Sx_o - x_o, y \rangle \geq 0$ aus $\langle Tx_o + S(x_o-ty) - (x_o-ty) \rangle \geq 0$ für $t \to 0$. Mit
$y = -(Tx_o + Sx_o - x_o)$ wird insbesondere $|Tx_o + Sx_o - x_o|^2 \leq 0$, d.h. $(T+S)x_o = x_o$.

q.e.d.

In Satz 22.2 haben wir Bedingungen angegeben, unter denen $F(T)$ sogar
ein Kontinuum ist. Nach demselben Schema beweist man den entsprechenden

<u>Satz 3</u>. Es sei $\Omega \subset X$ offen und beschränkt, $T-I \in \mathcal{P}(\overline{\Omega})$ und $D(T-I,\Omega,0) \neq \{0\}$,
und (T_n) eine Folge von Operatoren mit $T_n-I \in \mathcal{P}(\overline{\Omega})$, so daß
(i) $\sup\{|Tx-T_n x| : x \in \overline{\Omega}\} =: \delta_n \to 0$ für $n \to \infty$ und
(ii) Die Gleichung $x = T_n x + y$ hat für $|y| \leq \delta_n$ höchstens eine Lösung.
gilt. Dann ist $F(T)$ ein Kontinuum.

Die Bedingung $D(T-I,\Omega,0) \neq \{0\}$ ist z.B. erfüllt, wenn $F(T) \cap \partial\Omega = \emptyset$ und
die Randbedingungen aus Satz 1 gelten; in diesem Fall ist nämlich
$D(T-I,\Omega,0) \subset \{-1,1\}$.

Im § 23 haben wir isolierte Fixpunkte kompakter Operatoren untersucht
und insbesondere gezeigt, daß der Fixpunkt x_o von T isoliert ist, wenn
$T'(x_o)$ existiert und $\lambda = 1$ kein Eigenwert von $T'(x_o)$ ist. Dabei wurde
verwendet, daß mit $T \in \mathcal{R}(\overline{K}_r(x_o))$ auch $T'(x_o) \in \mathcal{R}(X)$ gilt, oder gemäß
Beispiel 29.1 ausgedrückt: Aus $T-I \in \mathcal{P}(\overline{K}_r(x_o))$ folgt $T'(x_o)-I \in \mathcal{P}(X)$.
Einfache Beispiele zeigen, daß dieser Schluß nicht für jeden P-kompakten
Operator richtig ist (vgl. Aufg. 11, 12) . Deshalb setzen wir im folgenden Satz $T'(x_o)-I \in \mathcal{P}(X)$ voraus.

<u>Satz 4</u>. Es sei $T: K_r(x_o) \to X$ stetig und $x_o \in F(T)$. Außerdem existiere
$T'(x_o)$ mit $T'(x_o)-I \in \mathcal{P}(X)$, und $\lambda = 1$ sei kein Eigenwert von $T'(x_o)$.

119

Dann ist x_o ein isolierter Fixpunkt von T .

<u>Beweis.</u> Wir fixieren $\rho \in (0,r)$. Da $\lambda = 1$ kein Eigenwert von $T'(x_o)$ ist,
haben wir $Lx \neq 0$ für $L := T'(x_o)-I$ und $|x| = \rho$; wegen $L \in \mathcal{P}(X)$ gibt
es also ein $\delta > 0$ und ein n_o , so daß $|P_n Lx| \geq \delta$ für alle $x \in X_n$ mit
$|x| = \rho$ und $n \geq n_o$ gilt (Satz 29.3) ; hieraus folgt $|P_n Lx| \geq \delta\rho^{-1}|x|$
für alle $x \in X_n$ mit $n \geq n_o$. Damit ist

$$|Lx| = \lim_{n\to\infty}|P_n L P_n x| \geq \delta\rho^{-1}\lim_{n\to\infty}|P_n x| = \delta\rho^{-1}|x|$$

für jedes $x \in X$. Da T in x_o differenzierbar und $x_o = Tx_o$ ist, existiert
ein $\rho_1 > 0$, so daß $|T(x_o+h)-x_o-T'(x_o)h| \leq \delta(2\rho)^{-1}|h|$ für $|h| \leq \rho_1$ gilt.
Damit ist $|T(x_o+h)-(x_o+h)| \geq \frac{\delta}{2\rho}|h|$ für $|h| \leq \rho_1$, folglich

$$F(T) \cap K_{\rho_1}(x_o) = \{x_o\} .$$

q.e.d.

Ist z.B. X ein separabler H-Raum, und gilt $\langle T'(x_o)h,h\rangle \leq 0$ für jedes
$h \in X$, so ist $\lambda = 1$ kein Eigenwert von $T'(x_o)$ und $T'(x_o)-I \in \mathcal{P}(X)$. Da
$T'(x_o)$ linear ist, haben wir nämlich $\langle -T'(x_o)h-(-T'(x_o)\tilde{h},h-\tilde{h}\rangle \geq 0$,
d.h. $-T'(x_o)$ ist monoton; nach Satz 29.2 ist also $-T'(x_o)+I \in \mathcal{P}(X)$ ein
Homeomorphismus, und damit auch $T'(x_o)-I$.

§ 32. SCHLUSSBEMERKUNGEN

1. Die Betrachtungen dieses Kapitels lassen sich in mehrfacher Hinsicht
   verallgemeinern. Zunächst kann man Operatoren von X in einen anderen
   B-Raum Y untersuchen, der ebenfalls mit einem P-Schema $\{(Y_n),(Q_n)\}$
   ausgestattet ist. Zur Definition eines Abbildungsgrads in der angegebenen Art muß man dabei dim X_n = dim Y_n und die Räume X_n,Y_n als
   orientiert voraussetzen (vg. § 15). Weiterhin müssen die P_n und Q_n
   nicht notwendig linear sein. Schließlich kann man auch endlichdimensionale X_n zulassen, die keine Unterräume von X sind, sich aber mit
   geeigneten Operatoren $R_n: X_n \to X$ in X einbetten lassen. Diese Über-
   legungen wurden u.a. in [48] , [10] und [67] ausgearbeitet. Allge-
   meinere Approximationsschemata und entsprechende Operatoreneigen-
   schaften werden in [61] behandelt.
2. Die Untersuchung monotoner Operatoren, die um 1960 von Kachurowsky,
   Minty u.a. begonnen wurde, ist heute wesentlich weiter fortgeschrit-
   ten, als wir hier angedeutet haben. Sie wurde bald auf reflexive
   B-Räume X und Operatoren T von X in X^* ausgedehnt, und zum Begriff
   der K-monotonen Operatoren ausgebaut; dabei heißt $T: X \to Y$ K-monoton

(monoton bzgl. des Operators K: X → Y*) , wenn $\langle Tx-Tx', K(x-x')\rangle \geq 0$
für alle $x,x' \in X$ gilt; wir haben also nur den einfachen Sonderfall
$X = X^*$ und $K = I$ betrachtet. Im Hinblick auf Anwendungen, hauptsächlich in der Theorie der partiellen Differentialgleichungen, mußte
man gleichzeitig die Stetigkeitsanforderungen an T abschwächen; so
entstanden Begriffe wie Demi-, Semi-, Hemistetigkeit. Eine gründliche
Einführung mit Anwendungen findet man z.B. in [7] , [11] .

3. Bei einigen Fragestellungen, z.B. der Spieltheorie, Approximations-
theorie und der Theorie gewöhnlicher Differentialgleichungen in
B-Räumen, ist es notwendig bzw. vorteilhaft, mengenwertige Abbildungen zu verwenden.

Ist beispielsweise X ein B-Raum, $A \subset X$ und $x \in X$, so stellt sich oft
die wichtige Frage nach der besten Approximation von x durch Elemente
von A , d.h. nach der Menge $P_A(x) = \{a \in A : \rho(x,A) = |x-a|\}$. Offen-
sichtlich kann $P_A(x)$ leer sein, nur aus einem Element bestehen
(vgl. Aufg. 4.4) oder auch mehrere Elemente enthalten; die sogenannte metrische Projektion $x \to P_A(x)$ ist also i.a. eine Abbildung von X
in die Potenzmenge von A (vgl. z.B. [57]) .

In [38] wurde der LS-Grad unter Beibehaltung seiner wichtigen Eigenschaften auf mengenwertige kompakte Störungen der Identität in lokalkonvexen Räumen X übertragen. Damit ist folgendes gemeint: Ist $\mathcal{K}(X)$
die Familie aller kompakten, konvexen Teilmengen $K \neq \emptyset$ von X , $\Omega \subset X$
offen, $F_0: \overline{\Omega} \to \mathcal{K}(X)$ und $F_0(\overline{\Omega})$ relativ kompakt, $F = I-F_0$ von oben
halbstetig und $y \notin F(\partial\Omega)$, d.h. $y \notin Fx = x-F_0x = \{x-z : z \in F_0x\}$ für
jedes $x \in \partial\Omega$, dann läßt sich auf der Menge dieser Tripel (F,Ω,y)
eine $\mathbb{Z}$-wertige Funktion mit den sinngemäß übertragenen Eigenschaften
aus Satz 26.2 definieren. Dabei heißt F von oben halbstetig auf $\overline{\Omega}$,
wenn (für jedes $x_0 \in \overline{\Omega}$) zu jeder Umgebung V von Fx_0 eine Umgebung U
von x_0 existiert, so daß $Fx \subset V$ für jedes $x \in U$ gilt.
Fixpunktsätze für solche Operatoren findet man z.B. in [8] und [22] ,
während [7] , [6] Darstellungen mengenwertiger monotoner Operatoren
enthalten.

4. Wir haben mehrmals Abbildungen der Gestalt T+S betrachtet, wobei T
kompakt und S eine (strikte) Kontraktion war. Von diesen Operatoren
ging die Entwicklung der sogenannten verdichtenden Abbildungen bzw.
der k-Mengenkontraktionen aus. Die Definition dieser Klassen beruht
auf einem Maß für die Nichtkompaktheit beschränkter Mengen.
Es sei X ein B-Raum. Wir erinnern daran, daß $A \subset X$ genau dann relativ
kompakt ist, wenn zu jedem $\varepsilon > 0$ endlich viele Kugeln $K_\varepsilon(x_i)$ mit
$A \subset \bigcup_i K_\varepsilon(x_i)$ existieren; ist jedoch $A \subset X$ nur beschränkt und dim $X = \infty$,
so haben wir diese Überdeckungseigenschaft nur für hinreichend große

ϵ . Unter dem <u>Maß der Nichtkompaktheit $\gamma(A)$</u> der beschränkten Menge
A versteht man nun das Infimum der Menge aller $\epsilon > 0$, für die A
durch endlich viele Teilmengen M von X mit dem Durchmesser $\delta(M) \leq \epsilon$
überdeckbar ist, kurz:

$$\gamma(A) := \inf\{\epsilon > 0 : A \subset \bigcup_{i=1}^{n(\epsilon)} M_{\epsilon i} \text{ und } \delta(M_{\epsilon i}) \leq \epsilon \text{ für } i = 1,\ldots,n(\epsilon)\} \; ;$$

dabei kann man offensichtlich $M_{\epsilon i} \subset X$ durch $M_{\epsilon i} \subset A$ ersetzen.

<u>Beispiel 1</u>. A ist genau dann relativ kompakt, wenn $\gamma(A) = 0$ ist.
Ist dim $X = \infty$ und $A = \partial K_1(0)$, so ist $\gamma(A) = 2$.
Die erste Behauptung ist trivial. Nun sei dim $X = \infty$. Da $\delta(A) = 2$
ist, haben wir $\gamma(A) \leq 2$. Angenommen, $\gamma(A) < 2$. Wegen der Abgeschlossenheit von A können wir damit A durch abgeschlossene Mengen
$M_1,\ldots,M_n \subset A$ mit $\delta(M_i) < 2$ für $i = 1,\ldots,n$ überdecken. Sei X_n ein
n-dimensionaler Unterraum von X . Da $A \cap X_n = \bigcup_{i=1}^{n} M_i \cap X_n$ der Rand der
Einheitskugel von X_n ist, muß nach Satz 10.2 mindestens eine der
Mengen $M_i \cap X_n$ ein Paar antipodaler Punkte enthalten; damit ist
$\delta(M_i) \geq \delta(M_i \cap X_n) = 2$, in Widerspruch zur Annahme.

Nun sei $\Omega \subset X$, F: $\Omega \to X$ stetig und $0 \leq k \in R$. F heißt <u>k-Mengenkon-
traktion</u> , wenn $F(\Omega_o)$ für jede beschränkte Teilmenge Ω_o von Ω beschränkt ist und $\gamma(F(\Omega_o)) \leq k\gamma(\Omega_o)$ gilt. F heißt <u>verdichtend</u> , wenn
$\gamma(F(\Omega_o)) < \gamma(\Omega_o)$ für jedes Ω_o mit $\gamma(\Omega_o) \neq 0$ gilt.

<u>Beispiel 2</u>. Es sei $T \in \hat{\mathcal{R}}(\Omega)$ und S: $\Omega \to X$ eine k-Kontraktion (d.h.
$|Sx-Sx'| \leq k|x-x'|$) . Dann ist F = T+S eine k-Mengenkontraktion. Auf-
grund der Definition des Maßes der Nichtkompaktheit sieht man nämlich
leicht ein, daß

$$\gamma(F(\Omega_o)) \leq \gamma(T(\Omega_o)+S(\Omega_o)) \leq \gamma(T(\Omega_o))+\gamma(S(\Omega_o)) = 0+\gamma(S(\Omega_o)) \leq k\gamma(\Omega_o)$$

gilt.

In [45] wurde ein Abbildungsgrad für Operatoren der Form I-F defi-
niert, wobei F ein k-Mengenkontraktion mit $k < 1$ ist. Er läßt sich
auf verdichtende Störungen der Identität ausdehnen und stimmt im
Sonderfall kompakter Störungen (d.h. 0-Mengenkontraktionen) mit dem
LS-Grad überein. [44] enthält weitere Einzelheiten. Eine allgemeine
Übersicht über diese Operatorenklassen erhält man in [52] .

5. Wir haben den LS-Grad kompakter Störungen in unendlichdimensionalen
   normierten Räumen mit Hilfe der endlichdimensionalen Approximieren-
   den und dem Brouwer-Grad definiert. Da wir auch in solchen Räumen

differenzieren können, ist es naheliegend, hier ebenfalls eine Definition in der Art zu versuchen, wie wir den Brouwer-Grad schrittweise eingeführt haben. Dies ist inzwischen für eine Klasse stetig differenzierbarer Operatoren gelungen, die wesentlich größer als die der differenzierbaren kompakten Störungen der Identität ist und insbesondere auch die (differenzierbaren) Operatoren aus Bem. 4 enthält. Es sei X ein B-Raum, $\Omega \subset X$ offen und beschränkt, $F_o \in \mathcal{R}(\overline{\Omega})$ und stetig differenzierbar in Ω , $F = I-F_o$ und $0 \notin F(\partial\Omega)$. Im einfachsten Fall (Def. 7.1) hat man sich zunächst um ein Analogon zum Vorzeichen von $\det(I-f'(x)) \neq 0$ zu kümmern ; nach Satz 20.5 und Aufg. 3.7 ist dies offensichtlich $(-1)^{\beta(1)}$, wobei $\lambda = 1$ kein Eigenwert von $F_o'(x)$ ist. Ist also $F^{-1}(0) = \{x_1,\ldots,x_m\}$ und $\lambda = 1$ kein Eigenwert von $F_o'(x_i)$ für $i = 1,\ldots,m$, so können wir

$$D(F,\Omega,0) := \sum_{i=1}^{m} (-1)^{\beta_i(1)}$$

setzen. Für das Weiterkommen ist nun entscheidend, daß in [59] das Lemma von Sard (Satz 6.1) auf B-Räume X mit $\dim X = \infty$ ausgedehnt wurde. In dem hier betrachteten Fall besagt diese Verallgemeinerung, daß $F(\{x \in \Omega : \lambda = 1 \text{ ist Eigenwert von } F_o'(x)\})$ eine magere Menge ist, also insbesondere keine inneren Punkte enthält (vgl. [66]) . Damit kann man dann wie in Def. 7.2 vorgehen. Diese beiden Definitionsschritte sind auch ausführbar, wenn $F_o'(x)$ zwar nicht kompakt, aber $I-F_o'(x)$ für jedes $x \in \Omega$ ein sogenannter Fredholm-Operator ist, und u.a. ein Analogon zu dem Raum $N(\lambda)$ aus Satz 20.4 (d.h. zu $\beta(\lambda)$) existiert. Hierüber wird man z.B. in [51] und [20] , [21] informiert.

6. Wie beim Brouwer-Grad kann man auch bei Operatoren zwischen unendlichdimensionalen Räumen einige Eigenschaften, die ein Abbildungsgrad unbedingt haben sollte, als Axiome deklarieren. Die Bedeutung einer solchen Axiomatik besteht auch hier hauptsächlich darin, zu zeigen, daß einige mit unterschiedlichen Hilfsmitteln definierte "Abbildungsgrade" auf ihrem gemeinsamen Definitionsbereich übereinstimmen. Ansätze findet man z.B. in [4] und [9] .

7. Zahlreiche Anwendungen der Abbildungsgradmethode auf Integralgleichungen, gewöhnliche und partielle Differentialgleichungen sind in [14] dargestellt bzw. zitiert. In [33] werden mit dem Brouwer-Grad Existenz und Stabilität periodischer Lösungen von Systemen gewöhnlicher Differentialgleichungen untersucht; für Stabilitätsaussagen ist auch der Fixpunktsatz von Tychonoff geeignet [60] . Auf die Bedeutung des Fixpunktsatzes von Schauder für Numerische Verfahren wird in [13, § 21.3 ff] eingegangen.

ÜBUNGSAUFGABEN

1. Es sei $J = [-1,1] \subset R^1$, $X = C(J)$ mit $|\cdot|_o$ und X_n der Raum aller Polynome vom Grad $\leq n$. Zu $x \in X$ existiert genau ein Polynom p_n vom Grad n mit $|x-p_n|_o = \inf\{|x-q_n| : q_n$ ist Polynom vom Grad n$\}$, das sog. n-te Tschebyscheff-Polynom (vgl. [57]) . Für $x \in X$ sei $P_n x := p_n$. Damit ist $\{(X_n),(P_n)\}$ ein P-Schema für $C(J)$.

2. Es sei F der Operator aus Beispiel 30.2 . Es ist $F \in \mathcal{P}(X)$, aber $I+F \notin \mathcal{P}(X)$.

3. Es sei X ein B-Raum mit P-Schema, $\Omega = K_1(0) \subset X$ und $(T_n) \subset \mathcal{P}(\bar{\Omega})$ mit $\sup_{\bar{\Omega}}|T_n x-Tx| \to 0$ für $n \to \infty$. Man gebe ein Beispiel an, in dem $T \notin \mathcal{P}(\bar{\Omega})$ ist.

4. Für $T \in \mathcal{L}(X) \cap \mathcal{P}(X)$ gilt

   (i) T ist genau dann ein Homeomorphismus von X auf X , wenn T eineindeutig ist.

   (ii) Ist T nicht injektiv, so ist $N(T) = \{x \in X : Tx = 0\}$ endlich-dimensional.

5. Sei $\Omega \subset X$ offen und beschränkt, $T \in \mathcal{P}(\bar{\Omega})$ und $K \in \mathcal{R}(\bar{\Omega})$, $y \notin T(\partial\Omega)$ und $|Kx| < |Tx-y|$ auf $\partial\Omega$. Dann ist $D(T,\Omega,y) = D(T+K,\Omega,y)$.
   Anleitung: $H = T+tK$.

6. Es sei $\Omega \subset X$ offen, $T_\lambda := T+\lambda I \in \mathcal{P}(\Omega)$ und eineindeutig für jedes $\lambda \geq 0$. Dann ist T_λ für jedes $\lambda \geq 0$ eine offene Abbildung.
   Anleitung: Zu $x_o \in \Omega$ und $\lambda_o \geq 0$ wähle man $\bar{K}_r(x_o)$ derart, daß $T(\bar{K}_r(x_o))$ beschränkt ist, und betrachte $H(t,x) = (1-t)(T_{\lambda_o}x-T_{\lambda_o}x_o)+t(x-x_o)$ auf $[0,1] \times \bar{K}_r(x_o)$.

7. Es sei $T: X \to X$ stetig und quasibeschränkt (vgl. Aufg. 3.5) , $\mu > |T|_b$ und $T-\lambda I \in \mathcal{P}(X)$ für jedes $\lambda \geq \mu$. Dann ist $T-\mu I$ eine Abbildung von X auf X .
   Anleitung: Für $y_o \in X$ betrachte man $\mu^{-1}T-y_o$ auf $K_r(0)$ mit hinreichend großem r .

8. Es sei X ein separabler H-Raum, $T: X \to X$ stetig und monoton und $\lim_{|x| \to \infty} |x|^{-1} \langle Tx,x \rangle = \infty$. Dann ist T surjektiv.
   Anleitung: Es genügt, $0 \in T(X)$ zu zeigen; man beachte Satz 29.2 und die zweite Hälfte des Beweises von Korollar 31.1 .

9. Sei X wie in Aufg. 8 und $T: X \to X$ stetig und stark monoton mit ϕ . Dann ist T ein Homeomorphismus von X auf X , wenn eine der folgenden Bedingungen erfüllt ist
   (i) $r^{-1}\phi(r) \to \infty$ für $r \to \infty$;   (ii) T ist linear.
   Anleitung: Bei (i) beachte man Aufg. 8 , und (ii) führe man auf (i) zurück.

10. Sei X wie in Aufg. 8 , $\{(X_n),(P_n)\}$ wie in Beispiel 29.3 , $\Omega = K_r(0) \subset X$, $T - \lambda I \in \mathcal{P}(\overline{\Omega})$ für jedes $\lambda \geq 1$ und $T(\partial\Omega)$ beschränkt. Außerdem existiere ein Operator $S: \overline{\Omega} \to X$, so daß $\langle Sx,x \rangle \leq |x|^2$ und $|Tx - Sx| \leq |x - Sx|$ auf $\partial\Omega$ gelten. Dann ist $F(T) \neq \emptyset$.

11. Es sei $X = c_o$, $\{(X_n),(P_n)\}$ wie in Beispiel 30.2 und

$$F(\sum_{i \geq 1} x_i e_i) := \frac{1}{3} \sum_{i \geq 1} x_i^3 e_i \quad .$$

Damit ist $F \in \mathcal{P}(X)$, aber

$$F'(\sum_{i \geq 1} \frac{1}{\sqrt{i}} e_i) \notin \mathcal{P}(X) \quad .$$

12. Sei X wie in Aufg. 11 und

$$F(\sum_{i \geq 1} x_i e_i) := \sum_{i \geq 1} (x_i - x_i^2) e_i \quad .$$

$F: X \to X$ ist stetig, aber nicht aus $\mathcal{P}(X)$. Dagegen ist $F'(x) \in \mathcal{P}(X)$ für jedes $x \in X$.

Literaturverzeichnis

[1] AHLFORS,L.V.   : Complex Analysis. Mc Graw-Hill, New York 1953

[2] ALEXANDROFF,P.: Combinatorial Topology (Vol.3). Graylock Press,
                     Rochester 1960

[3]   - ,H.HOPF: Topologie. Springer-Verlag, Berlin 1935

[4] AMANN,H.,S.WEISS: On the uniqueness of the topological degree.
                 Math. Z. 130, 39-54 (1973)

[5] BERGER,M.S.,M.S.BERGER: Perspectives in Nonlinearity. Benjamin Inc.,
                 New York 1968

[6] BREZIS,H.   : Operateurs Maximaux Monotones. Math. Studies,
                     Vol.5, North-Holland Publ. Comp. 1973

[7] BROWDER,F.   : Problèmes Nonlinéaires. Presses de l'Université
                     Montreal 1966

[8]   -   : The fixed point theory of multivalued mappings in
                     topological vector spaces. Math. Ann. 177, 283-301
                     (1968)

[9]   -   : Local and global properties of nonlinear mappings
                     in Banach spaces. Symposia Math. II, Ist. naz. di
                     alta mat., 13-35 (1969)

[10]   -,W.V.PETRYSHYN: Approximation methods and the generalized to-
                     pological degree for nonlinear mappings in Banach
                     spaces. J. Funct. Anal. 3, 217-245 (1968)

[11] CARROLL,R.W.   : Abstract Methods in Partial Differential Equations.
                     Harper&Row, New York 1969

[12] CARTAN,H.   : Elementare Theorie der Analytischen Funktionen.
                     Bibliogr. Inst., Mannheim 1966

[13] COLLATZ,L.   : Funktionalanalysis und Numerische Mathematik.
                     Springer-Verlag, Berlin 1964

[14] CRONIN,J.   : Fixed Points and Topological Degree in Nonlinear
                     Analysis. Amer. Math. Soc., Providence 1964

[15] DIEUDONNE,J.   : Foundations of Modern Analysis (4.Aufl.). Acad.
                     Press, New York 1963

[16] DUGUNDJI,J.   : An extension of Tietze's theorem. Pacific J. Math.
                     1, 353-367 (1951)

[17] DUGUNDJI,J.   : Topology (5. Aufl.). Allyn and Bacon Inc.,
                      Boston 1970

[18] DUNFORD,N.,J.T.SCHWARTZ: Linear Operators, Part I (2. Aufl.).
                      Interscience Publ., New York 1964

[19] EDWARDS,R.E.   : Functional Analysis. Holt, Rinehart a. Winston,
                      New York 1965

[20] FENSKE,C.   : Analytische Theorie des Abbildungsgrades für Ab-
                      bildungen in Banach-Räumen. Math. Nachr. 48,
                      279-290 (1971)

[21]   -   : Leray-Schauder Theorie für eine Klasse differen-
                      zierbarer Abbildungen in Banach-Räumen. Bericht
                      Nr. 48, Ges. Math. u. Datenv., Bonn 1971

[22] FLEISCHMAN,W.M.(Editor): Set-Valued Mappings, Selections and
                      Topological Properties of 2^X. Lect. Notes 171.
                      Springer-Verlag, Berlin 1970

[23] FLORET,K.,J.WLOKA: Einführung in die Theorie der lokalkonvexen
                      Räume. Lect. Notes 56, Springer-Verlag, Berlin
                      1968

[24] FÜHRER,L.   : Ein elementarer analytischer Beweis zur Eindeu-
                      tigkeit des Abbildungsgrades im R^n. Math. Nachr.
                      54, 259-267 (1972)

[25] FUCIK,S.,et al.: Spectral Analysis of Nonlinear Operators. Lect.
                      Notes 346, Springer-Verlag, Berlin 1973

[26] GRANAS,A.   : The theory of compact vector fields and some of
                      its applications to topology of functional spaces
                      (I). Rozprawy Mat., Vol. 30, Warschau 1962

[27] GROTEMEYER,K.P.: Topologie. Bibliogr. Inst., Mannheim 1969

[28] HEINZ,E.   : An elementary analytic theory of the degree of
                      mapping in n-dimensional space. J. Math. Mech. 8,
                      231-247 (1959)

[29] KELLER,J.B.,S.ANTMAN (Editors): Bifurcation Theory and Nonlinear
                      Eigenvalue Problems. Benjamin Inc., New York 1969

[30] KLEE,V.   : Leray-Schauder theory without local convexity.
                      Math. Ann. 141, 286-296 (1960)

[31] KÖTHE,G.   : Topologische lineare Räume (2. Aufl.). Springer-
                      Verlag, Berlin 1966

127

[32] KRASNOSELSKII,M.A.: Topological methods in the theory of nonlinear
integral equations. Pergamon Press, Oxford 1964

[33]   -   : Translation along trajectories of differential
equations. Amer. Math. Soc., Providence 1968

[34]   -   : Positive solutions of operator equations. P. Nord-
hoff Ltd., Groningen 1964

[35]   - , et al.: Vektorfelder in der Ebene. Akademie-Verlag,
Berlin 1966

[36]   - , et al.: Approximate solution of operator equations. Wol-
ters-Noordhoff Publ., Groningen 1972

[37] LERAY,J.,J.SCHAUDER: Topologie et equations fonctionelles. Ann.
Sci. Ecole Norm. Sup. 51, 45-78 (1934)

[38] MA,T.   : Topological degrees of set-valued compact fields
in locally convex spaces. Rozprawy Mat. Vol. 42,
Warschau 1972

[39] MARTI,J.   : Introduction to the Theory of Bases. Springer-
Verlag, Berlin 1969

[40] MICHLIN,S.G.   : Vorlesungen über lineare Integralgleichungen.
VEB Verlag d. Wiss., Berlin 1962

[41] NAGUMO,M.   : A theory of degree of mapping based on infinitesi-
mal analysis. Amer. J. Math. 73, 485-496 (1951)

[42]   -   : Degree of mapping in convex linear topological
spaces. Amer. J. Math. 73, 497-511 (1951)

[43] NASHED,M.Z.   : Differentiability and related properties of non-
linear operators. S. 103-309 in L.B. Rall (Editor)
"Nonlinear Functional Analysis and Applications".
Acad. Press, New York 1971

[44] NUSSBAUM,R.D. : The fixed point index for local condensing maps.
Ann. Mat. Pura Appl. 89, 217-258 (1971)

[45]   -   : Degree theory for local condensing maps. J. Math.
Anal. and Appl. 37, 741-766 (1972)

[46] ORTEGA,J.M.,W.C.RHEINBOLDT: Iterative solution of nonlinear equations in several variables. Acad. Press, New York
1970

[47] PERVIN,W.J.   : Foundations of general topology. Acad. Press,
New York 1964

[48] PETRYSHYN,W.V.: Nonlinear equations involving noncompact operators.
Proc. of Symp. in Pure Math. Vol. 18 (Part 1):
Nonlinear Functional Analysis, S. 206-233. Amer.
Math. Soc., Providence 1970

[49] PIMBLEY,G.H. : Eigenfunction branches of nonlinear operators, and
their bifurcations. Lect. Notes 104, Springer-Ver-
lag, Berlin 1969

[50] RABINOVITZ,P. : Some global results for nonlinear eigenvalue problems. J. Funct. Anal. 7, 487-513 (1971)

[51] ROTHE,E.H.   : Mapping degree in Banach spaces and spectral theory. Math. Z. 63, 195-218 (1955)

[52] SADOVSKII,B.N.: Limit-Compact and condensing operators. Russ. Math.
Surveys 27, 85-155 (1972)

[53] SARD,A.   : The measure of the critical values of differentiable maps. Bull. Am. Math. Soc. 48, 883-897
(1942)

[54] SATTINGER,D.H.: Topics in Stability and Bifurcation Theory. Lect.
Notes 309, Springer-Verlag, Berlin 1973

[55] SCHÄFER,H.H. : Über die Methode der a priori Schranken. Math. Ann.
129, 415-416 (1955)

[56] SCHWARTZ,J.T. : Nonlinear Functional Analysis. Gordon a. Breach,
New York 1969

[57] SINGER,I.   : Best approximation in normed linear spaces by
elements of linear subspaces. Springer-Verlag,
Berlin 1970

[58]   -   : Bases in Banach spaces I. Springer-Verlag, Berlin
1970

[59] SMALE,S.   : An infinite-dimensional version of Sard's theorem.
Amer. J. Math. 87, 861-866 (1965)

[60] STOKES,A.   : The applications of a fixed point theorem to a
variety of nonlinear stability problems. Contrib.
Theory of Nonl. Oscill., Vol. V (ed. Cesari,LaSalle,
Lefschetz), S. 173-184. Princeton University Press,
Princeton 1960

[61] STUMMEL,F.   : Discrete convergence of mappings. Proc. Conference
on Numerical Analysis Dublin. Acad. Press, New York
1973

[62] TAYLOR,A.   : Introduction to Functional Analysis. John Wiley&
                      Sons, New York 1958

[63] VAINBERG,M.M.   : Variational methods for the study of nonlinear
                      operators. Holden-Day, San Francisco 1964

[64] VALENTINE,F.A.: Konvexe Mengen. Bibliogr. Inst., Mannheim 1968

[65] VAN DER WALT,T.: Fixed and almost fixed points. Math. Centre Tracts,
                      Vol. 1 (2. Aufl.), Amsterdam 1967

[66] WLOKA,J.   : Funktionalanalysis und Anwendungen. W. de Gruyter,
                      Berlin 1971

[67] WONG,H.S.F.   : The topological degree of A-proper maps. Canadian
                      J. Math. 23, 403-412 (1971)

[68] WOUK,A.   : Direct iteration, existence and uniqueness. In
                      "Nonlinear Integral Equations" (ed. P. Anselone),
                      S. 3-34, Univ. of Wisconsin Press, Madison 1964

Sachverzeichnis

Innerhalb der *Hochschultexte* werden auf dem Gebiet der Mathematik
wichtige Vorlesungsausarbeitungen und Lehrbücher publiziert.
Ebenfalls Aufnahme in die *Hochschultexte* finden Übersetzungen
bewährter Lehrbücher; wir glauben, auf diese Weise dem Studierenden
der Anfangs- und mittleren Semester Bücher zugänglich machen
zu können, die in Form und Inhalt im wahrsten Sinn des Wortes
brauchbare Arbeitsmittel sind.

Hochschultexte sind auf dem Gebiet der Mathematik Vorstufe
und Ergänzung der Lehrbuchreihe *Graduate Texts in Mathematics,*
einer Reihe, die (ausschließlich in englischer Sprache)
es sich zum Ziel gesetzt hat, in knappen Leitfäden den Studierenden
unmittelbar an den heutigen Stand der Wissenschaft heranzuführen.

O. Endler, Valuation Theory. 1972. DM 28,–

H. Grauert und K. Fritzsche, Einführung in die Funktionentheorie mehrerer Veränderlicher.
1974. DM 19,80

M. Gross und A. Lentin, Mathematische Linguistik. 1971. DM 32,–

H. Hermes, Introduction to Mathematical Logic. 1973. DM 34,–

H. Heyer, Mathematische Theorie statistischer Experimente. 1973. DM 19,80

K. Hinderer, Grundbegriffe der Wahrscheinlichkeitstheorie. 1972. DM 19,80

G. Kreisel und J.-L. Krivine, Modelltheorie – Eine Einführung in die mathematische Logik und Grund-
lagentheorie. 1972. DM 32,–

H. Lüneburg, Einführung in die Algebra. 1973. DM 24,–

S. Mac Lane, Kategorien · Begriffssprache und mathematische Theorie. 1972. DM 38,–

G. Owen, Spieltheorie. 1971. DM 32,–

J. C. Oxtoby, Maß und Kategorie. 1971. DM 19,80

G. Preuß, Allgemeine Topologie. 1972. DM 38,–

B. v. Querenburg, Mengentheoretische Topologie. 1973. DM 16,80

H. Werner, Praktische Mathematik I. 1970. DM 19,80 (Ursprünglich erschienen als „Mathematica Scripta",
Band 1)

H. Werner und R. Schaback, Praktische Mathematik II. 1972. DM 22,–

Preisänderungen vorbehalten

Graduate Texts in Mathematics

Vol. 1 Takeuti/Zaring: Introduction to Axiomatic Set Theory. VII, 250 pages. DM 38,–

Vol. 2 Oxtoby: Measure and Category. VIII, 95 pages. DM 28,–

Vol. 3 Schaefer: Topological Vector Spaces. XI, 294 pages. DM 38,–

Vol. 4 Hilton/Stammbach: A Course in Homological Algebra. IX, 338 pages. DM 48,–

Vol. 5 Mac Lane: Categories for the Working Mathematician. IX, 262 pages. DM 35,–

Vol. 6 Hughes/Piper: Projective Planes. XI, 291 pages. DM 39,–

Vol. 7 Serre: A Course in Arithmetic. IX, 115 pages. DM 23,–

Vol. 8 Takeuti/Zaring: Axiomatic Set Theory. VII, 238 pages. DM 38,–

Vol. 9 Humphreys: Introduction to Lie Algebras and Representation Theory. XIII, 169 pages. DM 34,10

Vol. 10 Cohen: A Course in Simple-Homotopy Theory. XI, 114 pages. DM 23,70

Vol. 11 Conway: Functions of One Complex Variable. XIII, 313 pages. DM 41,10

Vol. 12 Beals: Advanced Mathematical Analysis. XI, 230 pages. DM 21,10

Vol. 13 Anderson/Fuller: Rings and Categories of Modules. Approx. 370 pages. DM 35,10

Vol. 14 Golubitsky/Guillemin: Stable Mappings and Their Singularities. X, 211 pages. DM 21,10

Vol. 15 Berberian: Lectures in Functional Analysis and Operator Theory. Cloth DM 38,50

Vol. 16 Winter: The Structure of Fields. Cloth DM 33,30

Vol. 17 Rosenblatt: Random Processes. 2nd edition. Cloth DM 31,40

Vol. 18 Halmos: Measure Theory. Cloth DM 26,90

Vol. 19 Halmos: A Hilbert Space Problem Book. Cloth DM 30,70

Heidelberger Taschenbücher

50 Rademacher/Toeplitz: Von Zahlen und Figuren. DM 12,80

65 Schubert: Kategorien I. DM 16,80

67 Selecta Mathematica II. Herausgegeben von K. Jacobs. DM 14,80

73 Pólya/Szegö: Aufgaben und Lehrsätze aus der Analysis I. 4. Auflage. DM 16,80

74 Pólya/Szegö: Aufgaben und Lehrsätze aus der Analysis II. 4. Auflage. DM 16,80

80 Bauer/Goos: Informatik. Eine einführende Übersicht I (Sammlung Informatik). 2. Auflage. DM 14,80

86 Selecta Mathematica III. Herausgegeben von K. Jacobs. DM 16,80

87 Hermes: Aufzählbarkeit, Entscheidbarkeit, Berechenbarkeit. 2., revidierte Auflage. DM 16,80

98 Selecta Mathematica IV. Herausgegeben von K. Jacobs. DM 16,80

99 Deussen: Halbgruppen und Automaten (Sammlung Informatik). DM 14,80

103 Diederich/Remmert: Funktionentheorie I. DM 16,80

105 Stoer: Einführung in die Numerische Mathematik I. DM 16,80

107 Klingenberg: Eine Vorlesung über Differentialgeometrie. DM 16,80

108 Schäfke/Schmidt: Gewöhnliche Differentialgleichungen. DM 16,80

110 Walter: Gewöhnliche Differentialgleichungen. DM 16,80

114 Stoer/Bulirsch: Einführung in die Numerische Mathematik II. DM 16,80

127 Schecher: Funktioneller Aufbau digitaler Rechenanlagen (Sammlung Informatik). DM 19,80

Preisänderungen vorbehalten